中国进士文化园造园记

郭丽文 著

中国林业出版社

图书在版编目（CIP）数据

中国进士文化园造园记 / 郭丽文著. -- 北京：中国林业出版社，2022.3
ISBN 978-7-5219-1502-0

Ⅰ.①中… Ⅱ.①郭… Ⅲ.①进士—文化—公园—概况—吉安 Ⅳ.①K928.73

中国版本图书馆CIP数据核字（2022）第016042号

责任编辑：李　顺　马吉萍
电　　话：（010）83143569

出版发行	中国林业出版社 (100009　北京市西城区刘海胡同7号)
	http://www.forestry.gov.cn/lycb.html
制　　版	北京五色空间文化传播有限公司
印　　刷	北京博海升彩色印刷有限公司
版　　次	2022年3月第1版
印　　次	2022年3月第1次印刷
开　　本	710mm×1000mm　1/16
印　　张	14
字　　数	250千字
定　　价	128.00元

未经许可，不得以任何方式复制或抄袭本书之部分或全部内容。

版权所有　侵权必究

序一

　　科举是中国及受中国影响的部分东亚国家在帝制时代设科考试、举士任官的制度,进士是通过科举获得的最高科名。进士科举创立于隋炀帝大业元年(605年),至清光绪三十一年八月初四日(1905年9月2日)停废,在中国历史上整整存在一千三百年之久,选拔出十一万余名进士,对传统社会的文化教育、官僚政体和历史发展进程等各方面,都产生过重大而深远的影响。

　　在科举时代,"江右人文甲于天下"。江西是科举大省,历代共产生过一万余名进士。吉安更是进士人物的重镇,是江西产生进士最多的地区,而且从其中走出的状元、榜眼、探花等魁科人数也是全省最多,吉水县又是其中的佼佼者。吉安和吉水历史上的名人多数是进士。在吉水建立进士文化园和中国进士博物馆,不仅能让观众了解到江西和吉安、吉水进士的辉煌历史与业绩,而且通过进士文化园和博物馆的展示,可以让观众领略到进士科举的千年发展历程,感受古代知识分子寒窗苦读——鏖战科场——中举登科的心路历程，感受科举考试选材的公平性，体验各地丰富多彩的科举习俗与游艺，进而加深对博大精深的中华文化的认识，增强中华民族的文化自信心和自豪感。

宋明两代吉安科甲鼎盛。宋代以欧阳修、杨万里、文天祥等"五忠一节"为代表的吉安进士，文章节义，名垂青史。明代全国流行有"状元多吉水，朝士半江西"之谚，或称之为"翰林多吉水，朝士半江西"，这两种说法都有史料根据。正是因为吉水有着耀人的科举历史，当地一向对科举和进士文化相当重视，古时县衙前的广场上立有状元柱，柱顶为童子形象的魁星点斗雕塑。现在吉安市和吉水县领导又宏图擘画，在赣江与恩江交汇之宝地建设进士文化园。目前中国各地已经有大小不等的十余个科举或状元博物馆，但还没有一个以进士为专题的博物馆，更没有进士文化园。现在，在赣水之滨，建成一个规模宏大、立意高远的进士文化园和进士博物馆，确为大手笔的杰作，诚属难能可贵。

以中国进士博物馆为核心的中国进士文化园总设计是由郭丽文教授主持。作为吉水籍造园师，郭教授不仅有强烈的爱乡情怀，而且坚守中国传统园林文化。他认为中国古典园林营造不仅仅是植树造林，而是在传统儒释道文化中，加上哲学、堪舆、社会民俗、区域经济、生态环境、绘画书法、诗词歌赋、古建园林、桥梁科技、乡土树种、楹联牌匾、雕刻艺术、材料工艺等其他人文元素、科技手段，按照传统营造法则，精心构建成文化之载体、生命之空间、精神之境界。这本《中国进士文化园造园记》便道出了郭丽文教授的设计理念、造园心得、园区景致。

中国进士博物馆是进士文化园的一个主体部分。除进士博物馆以外，其他还有状元阁、藏书楼、魁星广场、文庙、状元牌坊、状元府第、贡院号舍、武举试场等，都与进士密切相关，如藏书楼三层专门收藏科举文献和科举学著作，这些建筑与进士博物馆一同构成一个以科举和进士为主题的文化园区。作为进士文化园尤其是中国进士博物馆的内容设计者，本人与郭丽文教授多有交集，对其设计的园中"十八景色 进士天地"，尤为关注。看得出这些构想和"及第大观""鼎元天下""高步云衢""鱼升龙门""状元府第""闱墨忆梦""独占鳌头"等命名，都十分古雅，体现出郭教授相当熟悉科举文化。吉水县也舍得投入，用上好的材料来建设，因此有了这座高端大气上档次的进士文化园。

吉水具有深厚的科举文化底蕴，古有"山高进士多，水绕状元出"之谣，又有"五里三元，自昔曾传盛事；一科半榜，到今犹属奇闻"之联。在此进士之乡，延续文脉，建进士文化园，良有以也。作为园区的设计者，郭丽文教授留下了瑰丽的文化建筑和篇章。以其雅属，身为同道，故乐而为之序。

刘海峰

2020 年 12 月 19 日

序二

提起庐陵，人们总以"物华天宝、人杰地灵"誉之。何为"人杰"？《文子·上礼》有言："行可以为仪表，智足以决嫌疑，信可以守约，廉可以使分财，作事可法，出言可道，人杰也。"自隋朝开科取士以来，庐陵士子中进士的人数位居全国前茅。除了或以其行、或以其文彪炳史册的文天祥、欧阳修、杨万里等庐陵先贤外，还有众多载入史册的庐陵历史人物。这些庐陵历史名人都有一个共同的身份：进士。

庐陵进士的精神可以概括为努力进取、为国为民，进士文化园就是这种精神的载体。进士文化园地处恩江与赣江交汇点，东倚文峰，南往井冈，西揖赣水，北通鄱湖，乃形胜之地。徜徉园中，绿树成荫，翠竹掩径，芳草漫地，流水盘曲；雄伟的状元阁、藏书楼，不仅增添了进士文化之高深，而且彰显了庐陵文化之雅趣。

乘民族文化复兴之东风，吉安市和吉水县兴建此园，为振兴地方文风、发展旅游和经济作出贡献。

受进士文化园设计师郭丽文之托，寥寥数语，以表我对家乡兴旺发达的期盼、进士文化园落成之庆贺！

首都师范大学历史学院教授　施诚

2020年9月25日

造园记

进士为可进而任官之士。自隋炀帝设进士科，至清末废科举一千三百年间，唐代起经由科场笔考竞试，拔擢十万进士。登第后或出将入相，掌管兵刑钱谷；或为政一方，治理地方事务；或执掌文枢，主纂典籍词翰；或归隐乡里，潜心授徒著述。进士为朝野所重，多栋梁之材，贡献卓著，名垂青史，诚士林华选也。

庐陵崇文重教，书院繁盛，科甲联翩。宋朝以欧阳修、杨万里、文天祥为表率之吉安进士，文章节义，彪炳史册；明代有"状元多吉水，朝士半江西"之谚，吉水作为状元与进士之渊薮，誉满天下。于此人杰地灵、底蕴深厚的进士之乡，建进士文化园，可谓其来有自、实至名归。

此园地处两江交汇处，地势爽阔，风景绝佳。园中有中国进士博物馆，为全国首创，展陈丰赡典雅，文物弥足珍贵；有状元阁，内呈励志故事，外形宏伟凌霄，直指魁斗七星；有藏书楼，庋藏宏富，尤重科举与乡邦文献。另有文庙、状元门、状元牌坊、进士群像、状元府第、贡院号舍、武举试场等,旨在彰显进士主题。进士与中国各地相关,吉安开创此园,领风气之先,再度独占鳌头。

登临状元阁,但觉天高地迥,神清气爽,江南望郡,尽收眼底。瞰乌江如练,赣水泱泱,碧波融汇,浩荡北去。遥想当年,庐陵士子不辞辛劳,联袂乘舟赴考。歌鹿鸣之章、金榜题名后,修齐治平、兼济天下,吉安大地,无上荣光。于今进士已步入博物馆,然进士之文章与气节,仍光耀中华。观园者若能雅俗共赏,怡情得益,或有所激励感悟,增进求学报国之心,乃建园者所冀矣。

庚子孟秋　浙江大学刘海峰记于吉水

目录

第一章　博观约取　落成善颂　/001

第二章　因革承变　文脉辉煌　/013

第三章　天人合一　空间育德　/019

第四章　一带两林　耳目则引　/035

第五章　九园疏影　玉琢馨香　/053

第六章　十八景色　进士天地　/093

第七章　檐口彩绘　描画春秋　/203

第八章　要而论之　言甚详明　/207

参考文献　/212

第一章

博观约取　落成善颂

中国进士文化园开园了,"自古落成须善颂,扫除东阁望公来"(宋王安石《张侍郎示东府新居诗因而和酬二首其一》),循古时惯例,建筑落成后自需举行隆重庆典以贺竣工告成。中国进士文化园项目历经一年设计论证,三年精细施工,而今终于建成开园,迎来四方宾朋,这是再现庐陵文化的幸事,也是中国古典园林营造的幸事。在当前中国园林营造普遍西化的背景下,吉水县域内能够建设这样一座规模宏阔的大型传统园林来承载中国进士文化的精髓,是中国传统园林文化兴起的表现,更是传承文脉彰显辉煌民族文化自信的载体。

近代以来,中华民族的危亡引发了民众对中国传统文化的普遍质疑,尤其是五四运动展开了彻底地反对帝国主义和封建主义的斗争,激进的革命者在揭露传统文化劣根性的同时，主张全盘西化，一味地引进西方文化。如火如荼的新文化运动在推动中国社会向前迈进的同时，中国传统文化的发展也受到了影响。

中华人民共和国成立后，社会渐趋稳定，经济逐渐复苏，文化日益繁荣，由于苏联为首的社会主义阵营与美国为首的资本主义阵营在相当长时期内的对抗，新生的社会主义中国向当时的苏联老大哥学习。特殊的国际环境下，园林建设也表现出对苏联园林绿地规划理念、方法等各个层面的追求和模仿。

改革开放以来，在国家城镇化和城乡一体化建设推进下，中国园林建设同样走了不少弯路，出现不少问题，其中最明显的就是套用西方造

园模式，各地大量复制快餐式、四方盒式的建筑，千城一面、千园一面的现象比较严重，中国传统园林的地域性、传统性特征不断没落。

近年来，随着国家政治、经济、军事、文化各方面综合实力的增强，传统文化中的精华和优势被重新认识，盲目西化的弊端也日渐凸显。从最高决策层到普通民众都意识到文化自信的重要性，国家出台了一系列复兴中华优秀传统文化的政策。在这种时代背景下，中共吉水县委、县政府审时度势，紧跟复兴优秀传统文化的国家战略，深入发掘庐陵文化的精髓。基于地方科举文化资源丰厚的前提，在吉水县域内精心打造了这处进士文化园，来呈现庐陵文化的核心价值。

吉水县县委、县政府多次对广大党员干部、项目单位强调"功不在我、功必有我"的思想，要求营造出"百年历史传承"之园，通过进士文化园的建设、运营，探寻一种"母鸡带小鸡"的模式来推动吉水县的全域文化旅游。

作为吉水籍造园师，本人有幸承担了中国进士文化园总设计的任务，自感十分荣幸又责任重大。感到荣幸是因为，中国进士文化园作为吉水县的重大项目，在某种程度上可以说是撬动吉水文化旅游资源的基石，有着文化性、主题性、传播性、展示性等特点，而今家乡的这张文化金名片能由我担纲总设计，可谓幸运之至。感到责任重大是因为，领导、家乡父老乡亲对我的信任和嘱托，营园造景，矗立百年，成功了对得起信任我的领导，没辜负哺育我的家乡，大家皆大欢喜；但如果失败了，名誉之事姑且不论，让家乡的文化旅游错失良机，城

市发展受到影响则会让我遗憾终生。

　　因此,从下定决心接手该项目开始,我便做了大量准备工作。首先,征求了诸多乡贤学者的建议作为参考。其次,我还多次深入乡间古村、祠堂、名胜进行调研,研习庐陵的地域文化特点,翻阅了大量有关庐陵文化的文献,多方探寻庐陵先贤的事迹,深入发掘庐陵文化的精髓。在施工过程中,我更是每月至少两次以上前往工地,现场指导建设单位施工,力争按照国家级标准来打造进士文化园。长达四年时间的兢兢业业,奔波两地的辛苦终于结成了硕果。中国进士文化园建成后,得到各方赞誉,也收获了众多的奖项。

　　这其中的甘苦、感悟让我萌生了写一本造园手记的想法,将中国

进士文化园的设计理念、设计过程,以及如何从无到有,从最初的构想到一张张设计图纸,再到今天呈现在世人面前的可赏、可游的园林实体,整个从设计到营造的点滴过程记录下来,着重阐述进士文化园中所蕴含的造园思想,地域文化特性,以及进士文化园在地域文化视角下如何设计布局,并附上一些景点的设计图纸,以文本和图纸,图文结合的阅读形式提供给感兴趣的读者学习、参考和研究。

收获的背后,遗憾也在所难免。在设计与施工过程中就遇到过一些困难。方案论证时遭到规划、文博等职能部门领导及其他各路神仙的不同意见;在施工过程中,受各方"专家"要求调整方案,使得鳌山高度比原设计降了六米,状元阁高度降八米,基座也等比例地缩小;

他们的意见缺乏科学论证，忽略了进士园东面的高楼大厦，这些高建筑会消弱状元阁的气势；状元阁原方案设了餐饮茶楼空间，让传统观景古建与现代旅游需求结合起来，活化建筑是使用功能，通过商、赏结合让建筑产生经济与社会效益，在这些人的强烈反对下给予取消此想法，竣工后专家、学者、领导登阁后希望状元阁上能饮食赏景一体化，可是此一时彼一时而遗憾；原定的五百米商业街减少至现在只有八栋商铺，提出的意见缺少合理的论证，导致竣工后的古街短促无势而门可罗雀；武状元考场面积缩小了一倍，导致马跑不起来，他们的建议没有考虑到今后的运营；园路小径铺装改为清一色的方青石板，失去了传统园林的韵味等。

另外，一些领导、专家在后续视察过程中提出要多向西方学习，向美国学习，学习美国的白宫阳光草坪、纽约中央公园的通透性，要把主体建筑显露出来，原来已经种植好的观赏树木及藏书楼前的竹林被全部拔掉，已建好的围墙也被拆除……诸如种种，现在看来都是非常大的遗憾。中国造园讲究藏，藏则戒也，显则贪也，通过植物的营造，将美景藏起来，形成围合好，不能一览无余，通过围合将人引入胜景，步入其中有豁然开朗之感，同时有半遮琵琶半遮脸之韵味。

林林总总的意见，反映了当前很多人对传统造园精华的认知还不够深入，对中华优秀传统文化还不够自信。正是这些遗憾，促使我下定决心要写这本《中国进士文化园造园记》，来讲述中国传统造园艺

术，让更多的人认识传统造园艺术之美和中国传统文化的博大。中国造园艺术有别于西方生态公园的建设，如同中医和西医在医学诊断和治疗方法上属于两个独立系统的差别一样，中国古典园林营造不仅仅是植树造林、开基盖房，而是在传统儒释道文化中，加上哲学、堪舆、社会民俗、区域经济、生态环境、绘画书法、诗词歌赋、古建园林、桥梁科技、乡土树种、楹联牌匾、雕刻艺术、材料工艺等其他人文元素、科技手段，按照传统营造法则精心构建的文化之载体，生命之空间，精神之境界。

当然，中国进士文化园最终圆满竣工，最想说的还是感谢，感谢来自各方面的大力支持。进士文化园在方案设计时，得到了中共吉水县委、吉水县政府以及广大领导干部的高度认可。一念出即万人动，造园家最懂其中的艰辛，也就最懂得感恩。从项目构思到规划设计，到落地施工，到竣工，当初的设计思想在各个方面诸多人才的帮助下得以完成，这是一件多么幸运的事情。在此，要特别感谢来自他们的帮助，如果没有他们的支持，这个项目是不可能顺利完成的。

首先要感谢长江学者、浙江大学文科资深教授刘海峰先生为本书作序，首都师范大学历史学院博士生导师施诚教授为本书作序；感谢岭南生态文旅股份有限公司，该公司是一家集生态景观与水土治理、文化与旅游、投资与运营为一体的全国性集团化上市公司。公司直属园林集团副总裁梅云桥先生及其团队在项目的建设中，秉承"让环境

更美丽,让生活更美好"的企业使命和责任担当,精细化管理和匠心般的付出保证了进士文化园的品质;感谢北京吉水创新发展促进会会长王小骏先生;感谢我的挚友徐炜先生多年的陪伴及支持;感谢曾繁柏先生;感谢北京艺术博物馆副研究馆员杨小军先生,在本书写作过程中他提供了大量有价值的文献资料和历史图片;感谢我的团队成员

熊梅英、苗晓静、王媛媛、范颖;特别感谢六代古建非遗传承人张玉河先生,在他毫无保留的传授下,我和我的团队学到了大量古建知识。

最后,感谢所有为中国进士文化园项目建设出智出力的人。

第二章

因革承变　文脉辉煌

吉水自隋朝建县以来，已有一千三百余载历史，今隶属于江西省吉安市管辖。吉安古称庐陵，地处江西省中部，自古文风鼎盛、名人辈出，有"三千进士冠华夏"之誉，庐陵文化因此在中国区域文化中独树一帜。吉水地处吉安腹地，北临峡江县，南接青原区，西临吉安县、吉州区，东接永丰县，百里赣江从南往北将吉水县域一分为二，以赣江为界而有水西、水东之称，赣江两岸涌现出了众多先贤名士，吉水也成了庐陵文化的核心发源地之一。

吉水的科第之盛较之吉安辖属的其他几县更为凸显。在坊间流传这样的民谚："一门三进士，隔河两宰相，五里三状元，十里九布政，九子十知州"，民谚中所述并非艺术夸张，皆确有其事，可见吉水古代的科举盛况，放眼全国，也可谓是骇人听闻，绝无仅有。由于科举发达，为官为学之士众多，吉水县素有"江南望郡""状元之乡""才子之乡""文章结义之邦，人文渊源之地"的美誉，今天也被评为"江西十大文化古县之一"。

在灿若繁星的先贤中，仅举唐宋八大家欧阳修、南宋诗人杨万里、民族英雄文天祥、爱国名臣杨邦乂、

第二章 因革承变 文脉辉煌 015

抗金名将杨再兴、大明才子解缙、内阁首辅胡广、大学士刘俨、理财名臣周忱、西域使臣陈诚、兵部尚书毛伯温、东林党首邹元标、舆图之父罗洪先、文学家曾同亨、明末栋梁李邦华、《中华大字典》主编徐元诰等都可名垂史册。

近年来随着国家重视中华传统文化的复兴，全国各地结合各自地域文化优势积极努力。吉水县委、县政府决定系统深入地挖掘和整理庐陵文化，最初拟通过古典园林形式展示本地先贤文化或全国状元文化，打造先贤文化或状元文化为特色的主题公园。作为设计师，我在经过深入调研国内各地关于科举文化、状元文化、楹联匾额文化、圣旨文化等文化场馆的建设情况下，结合吉安地区丰富的进士文化资源，提出中国进士文化园的概念。依托吉安三千多位、吉水六百多位进士这一全国优势资源，来建造中国进士文化园。在园区内通过以中国进士博物馆为中心，凸显进士文化、科举文化、状元文化等，广泛传播庐陵文化的世界观、价值观、人生观的文化基因。吉安市、吉水县两级领导认可了我的建议，要求在吉水打造国内首个"吉安·中国进士文化园"，构建以吉水县城南墨潭风

光带为核心的文化旅游产业集聚区,主打"中国进士文化第一县"的文旅品牌。

"吉安·中国进士文化园"占地约600亩,位于吉水县城南,西临赣江,北临乌江,位处两江交汇之地。规划如此大面积的临江风水宝地,足可显示吉水县委、县政府对文化传承的重视和力度。该园以中国古典造园手法进行规划设计,融入深厚的中国传统文化及进士文化,在风格上坚持营造庐陵文化地域特色的古典园林,保护庐陵文化血脉,增强庐陵文化生命力,结合当代文化走向,推动庐陵文化的影响力。在布局上该园以中国进士博物馆为核心,对景鳌山顶上的状元阁,前后呼应,高下相错,营造出媲美皇家园林的恢宏气势,重廊阁楼,巍峨高耸;同时又凸显江南园林的柔美雅致,如诗如画,曲径通幽,宛如天开。结合园内诸多与进士文化有关的亭台楼阁、廊亭轩桥,营造一处可品、可游、可学、可研、可购的古为今用之主题文化园,亦是成为新中国成立以来新建最大的以文化为载体的古典园林。她的竣工不仅是展现进士文化、庐陵文化,更是延续了中国造园艺术的生命力。

第三章

天人合一 空间育德

据史料记载，早在殷、周时期，根据帝王圈地狩猎所营建"囿"时算起，中国造园史已有三千多年的历史。"囿"是帝王贵族圈地或者筑界垣用于狩猎的地方，在《诗经·大雅》中描述有周文王的苑囿："王在灵囿，麀鹿攸伏。"灵囿即为周文王饲养动物的宫苑园林空间。

据《后汉书·卷四十下·班彪列传》记载："是以皇城之内，宫室光明，阙庭神丽，奢不可踰，俭不能侈。外则因原野以作苑，顺流泉而为沼，发苹藻以潜鱼，丰圃草以毓兽，制同乎梁驺，义合乎灵囿。"李贤注曰："'囿所以域养禽兽也。'此言鱼兽各得其所，如文王之灵囿也。"此后，发展在"囿"内园区种植水果蔬菜，《诗经·国风·魏风》载："园有桃，其实之肴。"因而，园又称为圃，又称囿圃。潘岳着《金谷集作诗》云："灵囿繁石榴，茂林列芳梨。"

囿在《说文解字》解释为："苑有垣也。""垣"即墙也，"苑"即古代养禽兽的园

林。由此可见园林一词的解释为,"园"即为着墙垣围合的空间,"林"表示有生命的花草树木,因此,园林即为生命空间。

中国传统园林就是营造有生命的空间,体现了传统文化中的生命观,符合儒家思想的天道性命,天人合德的修身立命之根本,凸显了对天命的敬畏之心。同时反映了儒家的知天命而有德行、贵生重死的一种生命理念。

荀子云:"水火有气而无生,草木有生而无知,禽兽有知而无义,人有气、有生、有知,亦且有义,故最为天下贵也。"人是有节义、重生命、有良知且最尊贵。人存在的价值是对他人、对国家的奉献。吾邑先贤南宋状元文天祥曾以"人生自古谁无死,留取丹心照汗青"来践行这种人生价值的追求,文天祥的节义也体现了庐陵文化的忠君爱

国的思想。

孔子云:"唯天为大,唯尧则之。"在儒家看来,天的伟大是圣人效仿之,是将人与天合为一,圣人效法天之德增进个人品德。《尚书·泰誓上》云:"惟天地,万物父母;惟人,万物之灵。"其指出万物与天合一,人可通过修身高于万物,做到与天合为一体。

《易传》提出:"夫大人者,与天地合其德,与日月合其明,与四时合其序,与鬼神合其吉凶,先天而天弗违,后天而奉天时。"又云:"天地之大德曰生。"其说明生生不息的天地德性,并提出人应遵循天道。儒家将这种天道转化为人间之秩序,通过礼来效仿自然的秩序来规范社会之序。《左传·昭公·昭公二十五年》载:"夫礼,天之经也。地之义也,民之行也。"礼即为上天的规范,在大地上行使其准则,使百姓在社会中的行动依据。

《春秋繁露·奉本》云:"礼者,继天地、体阴阳,而慎主客、序尊卑、贵贱、大小之位,而差外内、远近、新故之级者也,以德多为象,万物以广博众多历年久者为象。其在天而象天者。"其指出礼即是以德性效仿天地之序,理顺人与社会,人与人的秩序观,天理和谐则万物生,则符合天道之德。道即为自然之序,德即为人模仿自然秩序转化为人间社会之序,即"礼"也。

中国传统造园艺术隐藏了诸多儒家思想,尤其是遵循儒家"礼"的文化进行园林空间的布局,以及亭台楼阁的营建。以"礼"之秩序设计出仪式感的庭院布局,如同吾邑先贤欧阳修的"庭院深深深几许",营造一进一进的院落的仪式感来体现身份的尊贵,同时对来客的尊重。

儒家的生命观是一种精神的展现,是知天命而存德行,是贵生重死的生命观念。儒家认为人是可贵的,荀子的有气、有生、有知,亦且有义的生命观是人存在的价值,《孟子·滕文公下》载:"居天下之广居,立天下之正位,行天下之大道;得志,与民由之;不得志,独行其道。富贵不能淫,贫贱不能移,威武不能屈,此之谓大丈夫。"以礼树正位,行正道,富贵时不纵度,贫贱时不动摇意志,面对威武之势而不屈服,这才是大丈夫的气节。这是对尊国爱国的精神奉献,是忠君爱家的价值取向。

庐陵文化恰好符合儒家的生命价值及意义,如同文天祥"人生自古谁无死,留取丹心照汗青"的忠君爱国之节义,类似这样的节义士子庐陵地区有好多,如杨邦乂、胡铨、周必大、邹元标、李邦华等。同时,在开科取士以来,全国不乏众多进士学子具有爱国节义,"明末殉难者,数千百人,进士出身者居多,如刘理顺、刘同升、管绍宁、史可法等,或全家殉难,或与城偕亡,皆忠烈可

风"。在改朝换代之际,进士出身者比一般人更可能挺身而出,不惜选择杀身成仁以保全志节。

造园时,通过效仿儒家之礼,秩序之道,以"礼"之法将进士文化园规划成处处富有德形的空间,德者,正也,天道也;是符合天地万物之规律,是建立在礼的秩序下,是提炼贵生重命的价值观,是传递文化的生命力,是呈现古时莘莘学子求知若渴、韦编三绝的人生追求,是展现"十年寒窗苦读日,今朝金榜题名时"的人文精神。

通过儒家的生命观营造进士文化园,将进士文化的生命力提炼出来,在规划的各区域空间景点,通过馆、阁、亭、轩、廊、桥、雕塑等将爱国、敬长、尊师、重教、孝悌、重友和互爱的文化生命,打造一座古典园林作为进士文化的载体,来承载进士文化的精神,传承进士文化的生命力。

"进士为士林华选,四方观听,希其风采,每岁得第之人,不浃辰而周闻天下"。科举重视通过考试选拔人才,科举在古时政治、文化、生活和社会结构中占有重要的地位,其影响无所不在,并带来社会阶层的有序流动,使中国社会逐渐从"门第社会"演变为"科第社会"。通过科举考试选拔官员的制度有助于意志统一、思想统一、行动统一,对维护国家统一起到重要的作用。

进士出身的官员在朝廷中占有举足轻重的地位,在中国历史舞台上扮演了十分重要的角色,在中国政治史上留下了辉煌的业绩。历代均有进士出身的一流政治家,尤其是在改朝换代的时候,受儒家的生命观、社会的秩序观和价值观影响,许多进士报效国家社稷,宁死不屈,体现出进士群体的气节与大义。

《孟子·尽心章句上》载:"形色,天性也;惟圣人,然后可以践形。"人之有形有色,无不各有自然之理,所谓天性也。践,如践言之践。盖众人有是形,而不能尽其理,故无以践其形;惟圣人有是形,而又能尽其理,然后可以践其形而无歉也。程子曰:"此言圣人尽得人道而能充其形也。盖人得天地之正气而生,与万物不同。既为人,须尽得人理,然后称其名。众人有之而不知,贤人践之而未尽,能充其形,惟圣人也。"孟子的思想中所表达的人要做善人,行善事而不露痕迹,是尽心知命而光明磊落,懂的根本即可知最佳行为方式。科举是

通过孔门最佳选择,是追寻孔子思想而效仿最好途径。儒学成为中国传统文化的基干和主体,主要是因为科举考试以儒家经典为依据,儒学又因科举制度化的安排得以传承、繁衍和普及,在儒学的传承上科举制度起到了其他制度无法比拟的作用。

儒家的生命观讲究修身齐家,道家的生命观在于修身养性,是在道法自然中感受自然秩序的身心精神境界之洒脱,中国传统园林亦是符合道法自然的道家生命观,是《庄子·齐物论》中"天地与我并生,而万物与我为一"庄子的逍遥思想,是与天人合一的人生追求。道家的生命观也是顺其自然,适应自然,老子认为人活着应懂弊害才能保全。

在传统造园中采用砖木材料，秦汉以前大部分房子均采用土坯墙，后发展土砖墙，唐宋后会在土坯房的墙体粉刷白石灰，至明朝才大量采用青砖墙体。中国建筑的营造材料有别于西方，西方建筑主要采用石头材料，追求建筑的物体永存。中国的土木结构、砖木结构的建筑与儒家文化的重生尊死和道家的自然生命有关，强调建筑所含文化生命力的永恒，而不是建筑的结构形体永存。

道家的顺其自然就是知天地之秩序，是将自己融入自然之序当中，是老子《道德经·第四章》中"和其光，同其尘"幽隐的哲学思想，是虚不显形，无限深远，对立又统一的相互转化。《庄子·外篇·山木第二十》中的"物物而不物于物"是指驾驭物体而不被物体驱使，利用物体而不受制于物，"合则离，成则毁"消除物欲横流的观念。《庄

子·知北游》云:"生天地之间,若白驹之过隙,忽然而已。"采用易坏易腐蚀的砖木、土木的材料,就是尊重源于自然而回归自然的生命观,在弹指一挥间的历史时光中,不恋物而重文化生命力,不重居舍而重居中所承载的文化生命,是遵循自然的生死之法则。

老子《道德经·第二十五章》云:"有物混成,先天地生。寂兮寥兮,独立而不改,周行而不殆,可以为天地母。"天下万物的根本即是周行不殆,周而复始的轮回之道。东汉班固《汉书·礼乐志》载:"精健日月,星辰度理,阴阳五行,周而复始。"老子《道德经·第二十五章》又云:"故道大,天大,地大,人亦大。域中有四大,而人居其一焉。人法地,地法天,天法道,道法自然。"天地生万物之道,万物因天地生之理,强调了解其秩序之道,并循其自然之规律。

《道德经·第四十七章》做到"不出户，知天下；不窥牖，见天道"。传统造园艺术及要遵循儒家的重仁尚礼，三纲五常的秩序之道，又要遵循道家的无为而治的道法自然之法则，将所造之景融入其园，所造之园又融入其自然，既使人为，也有做到人而不为的手法，如明朝造园大家计成云"虽由人作，宛自天开"（《园冶·园说》）的造园思想，以"为天下浑其心"（《道德经·第四十九章》）自然之规则、自然之法则；通过儒家的人文性，结合道家的自然之道进行造园，以阴阳相合，刚柔并济，虚实互理，营造天人合一的自然园林空间，如同自然而高于自然的"琳琅敷灵圃，华生结琼瑶"（魏晋云林右英夫人《诗二十五首·其二十》）之仙境。

整个进士文化园规划设计采用儒家之礼序，道家之自然的天人合一哲学思想，秉承因地制宜、顺势而为的原则，运用传统造园手法，结合禅宗无相虚空之思维进行规划布局。

老子云："出生入死。生之徒，十有三；死之徒，十有三；人之生，动之于死地，亦十有三。夫何故？"《道德经·第五十章》可见老子认为人需懂弊害才能保全，只要做到少私寡欲、质朴清静、纯任自然、遵循自然之道。天者，天之道也，人者，人文也，进士文化园尊法"天人合一"的哲学思想，秉承因地制宜、依天道行事、顺势而为的营造原则，以传统造园的手法，围绕中国进士博物馆这一核心，结合藏书楼、官署、文庙、状元门、状元阁、状元府第、戏楼、古代科举文武考场、进士广场、亭台廊轩、古桥、古码头等含科举人文元素的布局，去奢去繁，遵循自然无为而有无的思想，将空间规划为"一带、二林、九园、十八景"。

利用不同的景点围合成不同的虚实空间、德形空间、自然空间、人文空间、交迭空间、和美空间，在不同的空间内点缀至隋唐开科取士以来的最著名的三十位进士雕塑，每座雕塑都会详细记载其生平事迹。在每个空间景点中营造出进士文化的生命力，使进士文化转化为立体化、多维空间的载体，通过园林空间打造成延续传统文化的生命空间。

中国传统园林同时体现了传统思维的生命观，符合儒家思想的天道性命，天人合德的修身立命之根本，是宇宙道德崇高使命，凸显对天命的敬畏之心。同时还讲究统一性，统一又分散，分散又合一的思想，每个景点既独立，同时与其他景点又合一，景景相间，处处和合，营造成园中有园，景中有景，步步恋观，四面览胜，亲临其中，目不暇接，不厌其烦，不知疲倦，留连忘返。

儒家强调万物为一体，万物共生共存，相互关联。王阳明先生言："大人者，以天地万物为一体者也，其视天下犹一家，中国犹一人焉。"天地万物为一体，张载强调宇宙看着一体、一家，程颢则强调万物为一人也。陈来先生言："天地万物为一体，在哲学系统上说，是因为天地万物本来就是一体。天、地、人、物本是一体，一体而分才有天地人物之别，就一体而言，天地人物是不可分的。"造园同样此理，讲究统一性、整体性，要使所有景点融为一体，各处空间视为一处，相互对应，互为同根。

中国古典园林是综合艺术，是包罗万象的生命空间，统一又分别，有区分又统一。由此，在造园时，造园师要具有深厚的哲学文化底蕴，还需懂建筑设计、古建设计、园林规划、诗词歌赋、绘画艺术、植物配置等。只有具有全面的综合素质，造园家才能胜任造园艺术，自然地将这些学科知识融合为一，在园林造景中传承传统文化的精髓。明朝造园家计成云："世之兴造，专主鸠匠，独不闻三分匠、七分主人之谚乎？非主人也，能主之人也。古公输巧，陆云精艺，其人岂执斧斤

者哉？若匠惟雕镂是巧，排架是精，一梁一柱，定不可移，俗以'无窍之人'呼之，其确也。"计成说在民间常有"三分工匠七分主人"的谚语，这里的主人非园林主人，是主持造园的人，古代有鲁班灵巧匠心，陆云有精湛技艺，他们不是操持斧锯之匠人，是有综合素质且有思想的造园家。中国进士文化园的成功就是最好的诠释。

进士文化园的规划空间是建立在儒家"礼"的秩序下,尊重生命,心怀敬畏;结合道家的自然无为,朴实纯净,营造一处文化生命空间,来传递文化的生命力,来体现古时莘莘学子求知若渴、韦编三绝的人生追求,以此展现"十年寒窗苦读日,今朝金榜题名时"的人文精神。

第四章

一带两林　耳目则引

一带两林是在园内西侧营造的游览体验区。一带是指园区西侧"状元省亲"主题巡游路线带。

　　古时吉水，水资源非常发达，百里赣江贯穿吉水而过，吉水人大多选择赣江水道出行。今天在吉水仍留下很多旧时科考举子用的《水路里程图》（如下图），详述赣江沿岸码头的位置及行走里程。赣江自南往北流淌，从吉水坐船可北下省城南昌，而后入长江通衢北方各地。溯江而上可至赣州，过岭南而进入两广地区。

　　这条巡游路线带的设计，充分考虑到开园后的运营成效。从状元阁至状元府第的主干道，也是本园的消防通道，在其基础上增添了科举取士的状元文化表演项目，通过演出状元省亲、状元巡游等场景来

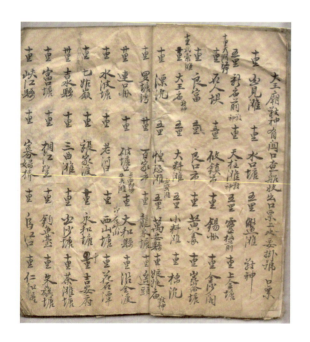

吸引游客，让游客置身模拟古时科举士子金榜题名之的真实场景中，亲身感受他们十年寒窗、一朝得中的荣耀。同时设置一些让观众亲身参与的互动项目，比如让游客扮演状元，身着"状元服"，骑马披红，穿过状元门（龙门）及六座状元牌坊。亲身体会状元郎"春风得意马蹄疾"的感受，也让观众在历史的情境中，体味旧时学子求学的艰辛，领会"状元及第"四字背后的努力和付出。当然民间认为状元郎乃魁星化身，黏附其祥瑞之气更是游客们趋之若鹜的动力。

状元省亲的演出路线起点定在古码头，模拟场景是古时状元坐船归乡至古码头登岸，鸣锣开道，仪仗送状元进香樟林，过状元门，到古街。"状元门"为两层砖木结构的南宋阁楼建筑样式，为庐陵建筑风格；该建筑呈正方形结构，其造型源于今抚州市乐安县流坑古村的状元楼，流坑在宋朝时归吉水管辖，仿用此状元楼作为进士园的状元门样式，正好彰显了南宋时吉水高度发达的科举文化。状元省亲仪仗队伍穿过商业街道后，再过进士广场，即可鸣炮迎接状元回到状元府第。

状元巡游的演出路线起点定在"状元府第"正门，同状元省亲的仪仗一样，同样是鸣锣开道，但路线略有不同。从"状元府第"出来后，先往北过"状元桥"，"状元桥"是状元府第正门广场东侧的桥梁，仿古样式，宽六米，可通车。过状元桥后，途经进士广场，广场竖有进士墙，上面雕刻着吉安地区三千多名进士的登科信息。广场东侧有座泮池，有风水上的考虑，削弱东侧南门路的煞气，南门路为丁字路，

对冲进士广场。据《阳宅十书》载:"前有淤池谓之朱雀,后有丘陵谓之元武,为最贵地。""泮"者,分散也。《辞源》解释为:"溶解,分离。"古时人们在住宅、祠堂、庙宇明堂前挖土筑池,后演变成半月形式水池,圆形向外,有着避风破煞的功效,即所谓"宅门前可开半月塘为吉"。这也是广场东侧建泮池的风水考虑。

"泮池"古时也常用于学宫前,称为泮宫。《辞源》云:"泮,春秋鲁之水名,作宫其上,故称泮宫。宫成而僖公饮酒于宫,诗人张大其词,即诗鲁颂之泮水。至礼明堂位乃有周学有頖宫之说,頖宫即泮宫。汉文帝命博士撰王制，遂谓天子之学有辟雍，诸侯之学有泮宫，自是以后，说经者皆以泮宫为学宫。科举时代称生员入学蹐入泮，本此。"在进士广场前修泮池，以学宫之意来渲染进士文化之精神（见清朝吉水学宫图）。

泮池往北过易货轩商铺，再跨过"玉带桥"便进入古街。"玉带桥"之名源于古时官员佩戴的玉饰腰带。南朝梁江淹《江文通集·二扇上彩画赋》有"命幸得为彩扇兮，出入玉带与绮绅"。唐韩愈《昌黎集·七示儿诗》中也有"不知官高卑，玉带悬金鱼"的记载。按唐制，文武官三品以上服金玉带。《新唐书》载："五品而上金玉带，所以尽饰以奉上。"可见"玉带"是进士及第后入朝为官的荣耀象征。在皇家园林的颐和园内，位于西堤中段设有"玉带桥"。

出古街后可见到"状元门"，之后穿过香樟林中的一座座状元牌坊即可看到"文昌桥"，桥名源于文昌星。文昌星是古时主宰士子博取功名的神祇，清代文人袁枚《续新齐谐·牟尼泥》中就有"生死隶东岳，功名隶文昌"的感慨。文昌星又是道教中的神仙文昌帝君，又称梓潼帝君、济顺王、英显王、雷应帝君等，是专门掌管护佑考试学习、文章兴衰的神，由于他主宰功名利禄，"职司文武爵禄科举之本"，自隋代科举制度开始，在读书学子心中具有至高无上的地位。《史记·天官书》中载："斗魁戴匡六星曰文昌宫：一曰上将，二曰次将，三曰贵相，四曰司命，五曰司中，六曰司禄。"《明史·志·礼四》也载："梓潼帝君者，神姓张，名亚子，居蜀七曲山。仕晋战没，人为立庙。唐、

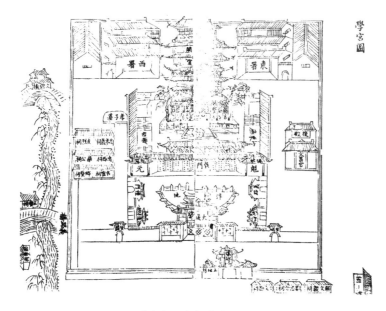

《吉水县志》学宫图

宋屡封至英显王。道家谓帝命梓潼掌文昌府事及人间禄籍,故元加号为帝君,而天下学校亦有祠祀者。景泰中,因京师旧庙辟而新之,岁以二月三日生辰,遣祭。"

状元巡游仪仗队伍行至棂星门后下马落轿,进文庙焚香鸣炮,祭拜孔子及四配、十二哲,然后登"鳌山","鳌"相传为大海中的大龟,为龙之子,古有"龙生九子,鳌占头"之说法,其形为龙头,龟身,麒麟尾。科举考试取得第一名者称为状元,状元郎准许踏上殿试前石阶上刻的鳌头,故称为"独占鳌头"。吾之村谓之鳌山,许是因缘而巧合,故而"修得一生善,度了圆梦人"。再入"状元阁"观赣江雄姿,揽吉水全景,体验古代读书人金榜题名后的荣耀感。登鳌山,临阁顶,

往东，瞻乌江穿流，紫气东来；往南，全园尽收，荣耀瑞祥，白鱼登舟；往西，青碧万顷，水天一色，日月同辉；往北，望东山雄风，听赣江浪涛，登峰造极。

状元省亲的演出部分参考文献记载中的传胪大典。金殿传胪是旧时读书人的最高荣耀，为了彰显对钦定状元及诸进士的尊崇，皇帝会举行盛大的传胪大典。据浙江大学刘海峰先生撰文描述："光绪三十年五月二十五日（1904年7月8日），在太和殿举行了隆重的甲辰科传胪典礼，一如既往，韶乐齐奏和鸣，鸣鞭响彻云霄。唱名之后，自大学士至三品以上官和新科进士向光绪皇帝行三跪九叩礼。礼毕，由礼部尚书将大金榜放置彩亭中的云盘内，导以黄伞，鼓吹前行，由太和中门送至东长安门外彩棚张挂。状元、榜眼、探花随榜亭至东长安门内，顺天府尹于此处相迎，为他们进酒、簪花、披红，亲自送三人上马。由午门中道而出，用鼓乐、彩旗、牌仗等引路前导，出午门后转向东城北行至新街口，在顺天府尹衙门宴饮后，经地安门外，由西城出正阳门至南门，这便是骑马游金街。"今天在吉水进士文化园和部分吉水百姓家中还收藏了很多"状元游街"主题的民俗文物，有清代状元游街的刺绣、帐饰、屏风、钱币、瓷器、木雕、银饰、漆器等，部分文物在中国进士博物馆内展出。进士文化园区内借鉴文献中的状元游街部分场景，精心编排出一台既有文化价

值,也有体验趣味的节目,提供给前来的游客观赏、学习,体味"天上麒麟子、地上状元郎"的荣耀。

两林是指园区的香樟林及竹林。香樟树是江西地区最有代表性的乡土树种,几乎每个村落都有数棵千年古樟,因此在江西民间自古就有"无樟不成村"的说法。《史记·司马相如》载:"其北则有阴林巨树,梗楠豫章。"《史记·集解》中郭璞曰:"豫章,大木也,生七年乃可知也。"

《史记正义》则解释为:"章,今之樟木也。二木生至七年,枕樟乃可分别。"香樟树属樟科,可生长千年,在江西民间称之为神树。《太平广记》载:"唐洪州有豫章树,从秦至今,千年以上,远近崇敬。"可见当时南昌将大樟树谓之神树,经常以牛羊祭祀。宋代陶梦桂的《古樟》"抱合材堪任栋梁,斧斤相引到明堂。何如生近幽人屋,岁晚相看各老苍"也对香樟树进行了夸赞。

在庐陵,樟树林可谓是学子的乡愁树,见樟如家,闻樟思乡。在香樟林中的小道上,设置了六座状元牌坊,是

为纪念六位吉水籍状元,既有让状元回家的寓意,同时也有意激励生生不息的庐陵后学。六座状元牌坊以历史年轮为轴线,从南往北按照儒家的礼之秩序、道家的自然法则,营造出曲径通幽、一步一景,步步展现出状元文化空间,形成具有文人情操的德形空间的同时,兼有"杨柳堆烟,帘幕无重数"的幽静之美。漫步状元牌坊,如穿越历史时空,细品状元故事,体悟状元精神。六座牌坊以庐陵牌坊建筑样式为主,依次以文天祥、胡广、刘俨、彭教、罗洪先、刘同升六位状元命名,置身其中,石坊框影,樟木芳香,几度浮现先贤事,润爽心扉念旧朝。

牌坊的造型源于文天祥陵墓前牌坊的结构形式并略加改变，将原来的五开间改为三开间，这是为遵循古代建筑物以单数为吉的规制。据考古材料可知，春秋以前的建筑开间也有双数，至秦汉后采用单数为主。单数为阳，阳者，德也。《春秋繁露·王道》载："故四时之行，父子之道也；天地之志，君臣之义也；阴阳之理，圣人之法也。阴，刑气也，阳，德气也，阴始于秋，阳始于春。"为何设牌坊而不设牌楼，也是遵循古代建筑的规制。

牌坊和牌楼在功能上是有区别的，牌楼为活人所立，作为仪门之用，楼者为阴，楼体有屋顶，屋顶会产生阴影吗，故而为阴，立于阳间，阴阳和合则万物生。《史记·乐书》云："天地欣合，阴阳相得，煦妪覆育万物。"故而立于村巷及楼堂馆所，其结构形式有硬山、歇山、悬山形屋顶，柱体不穿越屋面，以表不越天而含敬畏之意。

与牌楼不同，牌坊则是为过世之人所立。《辞源》解释为："封建时代表彰忠孝节义、功德、科第等所立的建筑。"坊者，方也，阳也、正也，德也。因此，立牌坊就是表彰去世之人的在世之功及品德。牌即门牌之意，《辞源》载："题榜，招牌，门牌。"其属为阳性，结构为柱体直通形，几乎不带屋檐，且柱子出梁，有直上擎天之势，挺拔刚强，无屋顶则无阴影，为明、为透，柱子出梁有拔高之刚强，故而为阳。拔高直上的柱子同时也表示有德之人方可上天，无德之人落地狱。上文述及，牌坊是给过世之人营造，故通常立于陵墓、祠堂、祭祀场

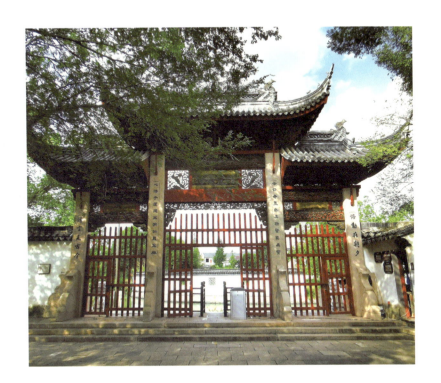

所，部分设置在村口以作旌表。

在状元巡游路线上设置纪念吉水状元先贤牌坊，旨在为后人营建一处瞻仰膜拜先贤的道场，和激励学子见贤思齐的爱国教育之地。

与香樟林同时营造的是竹林。竹林位于藏书楼东侧及北侧，这片竹林栽植的是地方乡土毛竹。陈继儒《小窗书记》载："亭后有竹，竹欲疏；竹尽有室，室欲幽。"竹是有德君子，具有坚劲之节，清雅拔俗。《史记·龟策

列传》载:"竹外有节理,中直空虚。"有十德之称曰:"竹身形挺直,宁折不弯,曰正直;竹虽有竹节,却不止步,曰奋进;竹外直中通,襟怀若谷,曰虚怀;竹有花深埋,素面朝天,曰质朴;竹一生一花,死亦无悔,曰奉献;竹玉竹临风,顶天立地,曰卓尔;竹虽曰卓尔,却不似松,曰善群;竹质地犹石,方可成器,曰性坚;竹化作符节,苏武秉持,曰操守;竹载文传世,任劳任怨,曰担当。"可见竹有风骨而不媚俗,宁折而不易弯,经历

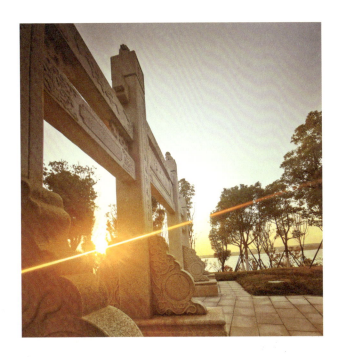

风雨，不怕险阻，磨砺出不凡的韧劲；而又有淡泊名利，宁静致远，四季翠绿不争艳，材品自高，虚心怀清骨的气节。

园区内营造这片竹林，让游人徜徉其间时，能有清风拂面的感觉，能享受余音袅袅的竹叶之鸣。舍商咀徵、凤箫鸾管，使人闻之，耳清心洁，余音回旋不绝。君子爱竹，故《诗经·小雅·斯干》有"如竹苞矣，如松茂矣"，孔子有"括而羽之，镞而砥砺之，

其入不益深乎?"苏轼的《于潜僧绿筠轩》有"宁可食无肉,不可居无竹。无肉令人瘦,无竹令人俗"等诸多赞誉。

此外,竹子挺直而宁折不弯也彰显气节,与庐陵人的坚守正义,强压而不屈的节义文化同出一辙,在庐陵地区的历史上未曾出现过一个汉奸,这归功于儒家思想的精神信仰。竹子还象征着根深牢固、繁荣兴盛。古时书籍均以竹简（亦称竹书）书写，《辞源》云："古代无纸，记事于竹简上，编织成册，后世谓之竹书，也称竹简书。"竹子筛风弄月，清雅澹泊，谦谦君子之文化深得雅士喜爱，故而在藏书楼东侧修竹茂林，其景物深幽，意境萧然，不仅与藏书楼相得益彰；还体现了吉水文风鼎盛，同时也符合庐陵"竹死不改节，花落有余香"的文章节义之地域特点。

　　在进士园中选择香樟、毛竹两种乡土树种用于片状栽植，是呼应吉水"文章节义之邦，人文渊源之地"之美誉。香樟是常青植物，且年轮久，生命顽强，体型巨大，如同文化之繁荣昌盛，辉煌璀璨，欣欣向荣；毛竹亦为常青，且生命力强，有气有节，坚韧不拔，傲骨耿直是符合庐陵人的尽节竭诚，义不屈节之精神。自古有"前人栽树后人乘凉"的说法，前人栽树，是树立文化精神，是树立道德品格，后人方可继承其文化传统，发扬光大，将其精

神代代相承,永生久盛。故而,造园时,喜植千年树木,有生命力的树种来体现文化之渊源,历史之悠久,生命之昌盛。

有些"专家"认为,此处植竹遮挡了建筑物,要求拔掉大部分竹子,让园区外的主干道上的行人能看到藏书楼及进士博物馆的建筑外观。这种要求是对竹文化及古典园林的营造思路理解不够到位、不深刻,也是文化上不够自信导致的遗憾。中国传统造园艺术在于藏,将美景藏于园内,藏则可以生幽,藏者戒欲也,修身也,通过遮目手法,抑景手法,将人引人,步步制胜而豁然开阔,一眼就想看完全景也是一种贪婪的心态,其心浮躁而不安分。

第五章

九园疏影　玉琢馨香

传统造园可以通过有形的围墙区隔空间，也可叠石筑山，培土堆丘，亦可通过密植树木来营造不同区域，空间营造方法十分丰富。在进士文化园中就借助了大量植物来进行空间营造，它以"四季有景，三季有花"的设计思路进行布局，通过密植的方法规划出九个花卉灌木区域，称之为"九园"。九园依据春、夏、秋、冬四季布局思路进行种植，春季有樱花园、橘园、玉兰园、桃李园；夏季有紫薇园、桂花园；秋季有红叶园；冬季有松园及梅园。园与园之间的隔离带由密植的乔灌木搭配而成，所有植物皆采用本土树种，将各园自然隔开，从而形成独立的园中园。每个独立的园子都通过诗画般的造景手法，撷取自然山石、乡土之奇花异草，堆冈培壑，境特幽回，容与徜徉其中；巧思妙取的自然山水神韵，让游人澄怀观道，切身体会"有我之境"和"无我之境"，营造出贤人君子的理想精神天地。不幸的是用于隔离各园的密植树木因"专家"要求拔掉，要学西方园林的阳光草地且通透性，尤其是松园内，把所有已植好的密林拔秃了，剩下几棵孤植油松，实为遗憾中无奈。

（一）樱花园

樱花园位于文庙东北角，北临"泉涌吉水"景点，东临"高步云衢"景点，此处属低洼地段。依照因势就形的造园法则，将此处洼地营造成为一处环抱幽静之地。据文献载，两千多年前的秦汉时期，樱

花已在中国宫苑内栽培,至唐朝时樱花已在私家庭院中普遍出现。唐代李煜诗云:"樱花落尽春将困,秋千架下归时。"李商隐《无题之四》云:"何处哀筝随急管,樱花永巷垂杨岸。樱花烂漫几多时?柳绿桃红两未知。"白居易《酬韩侍郎、张博士雨后游曲江见寄》云:"小园新种红樱树,闲绕花枝便当游。"即为庭院樱花种植的明证。樱花后来随着隋唐时期日本遣隋使、遣唐使的传播,移植至日本已有千年历史了。

明朝大学士宋濂有诗云:"赏樱日本盛于唐,如被牡丹兼海棠。恐是赵昌所难画,春风才起雪吹香",追溯了这段历史。当时众多文人留下了许多盛赞樱花的千古名句,白居易的诗:"亦知官舍非吾宅,且掘山樱满院栽,上佐近来多五考,少应四度见花开",就是其中的佳作。

樱花又名樱桃花,花期在初春,故有樱花盛开春来到的寓意。其花色高贵而质朴典雅,"樱"与"赢"谐音,民间以它讨"赢"之口彩。在进士文化园内文庙东面种植樱花,其意有向孔圣人祷告以求登科及第,喜赢科举考试,高中榜首。《诗经·大雅·云汉》云:"大夫君子,昭假无赢",樱花同时也被赋予爱拼才会"赢"的儒家精神。

古时庆贺经过十年寒窗后进士及第的科考学子要举办樱桃宴席,表示科举考试高中榜首之意。根据《太平广记》记载:"唐时新进士尤重樱桃宴。干符四年,刘邺第三子覃及第。时邺以故相镇淮南,敕邸

吏曰'以银一锭资酿置,而覃所费往往数倍'。邸吏以闻,邺命取足而已。会时及荐新,状头已下,方议酿率,覃潜遣人,厚以金帛,预购数十树矣。于是独置是宴,大会公卿。时京国樱桃初出;虽贵达未适口,而覃山积铺席,复和以糖酪,用享人蛮献一小盘,亦不啻数升。"这是当时科举与樱桃宴席关系的有力证明。

每年新科进士发榜时期正值樱桃成熟,新科进士们集聚一起举办樱桃谢宴,赴宴宾客若能吃到一颗樱桃便是莫大的荣耀,尤其是能吃到皇帝御赐的樱桃,那更是能吹嘘一辈子了。唐人王维《敕赐百官樱桃》云:"芙蓉阙下会千官,紫禁朱樱出上阑。才是寝园春荐后,非关御苑鸟衔残。归鞍竞带青丝笼,中使频倾赤玉盘。饱食不须愁内热,大官还有蔗浆寒",是这一文化风俗的鲜明写照。这一习俗随着科举制度一直延续至清朝才消亡,清朝大才子袁枚《随园诗话》卷四中记载:"溧阳相公康熙前庚辰进士也,重赴樱桃之宴",表明了这种习俗在清代的传承。

(二)橘园

橘园位于进士文化园内鳌山东麓,南临"松园",北临乌江,东临竹林,西临"泉涌吉水"景点。橘园又名桔园,橘树为常绿乔木,晚春开花,花香迷人,香飘十里。《汉书·司马相如传上》称:"橘柚芬芳",唐代王昌龄有诗赞曰:"醉

第五章 九园疏影 玉琢馨香 059

别江楼橘柚香，江风引雨入舟凉。"宋代《橘谱》也有"若将橘柚芬芳比"的记载，故民间有"十里橘香"之称。进士园内橘园设置在园内北面，紧邻乌江，是一处风口之地，借助风势，更是橘香远漫。

橘树又常被文人们赞其有风骨，如屈原《橘颂》所描绘："后皇嘉树，橘徕服兮。受命不迁，生南国兮。深固难徙，更壹志兮。绿叶素荣，纷其可喜兮。曾枝剡棘，圆果抟兮。青黄杂糅，文章烂兮。精色内白，类任道兮。纷缊宜修，姱而不丑兮。嗟尔幼志，有以异兮。独立不迁，岂不可喜兮？深固难徙，廓其无求兮。苏世独立，横而不流兮。闭心自慎，终不失过兮。秉德无私，参天地兮。愿岁并谢，与长友兮。淑离不淫，梗其有理兮。年岁虽少，可师长兮。行比伯夷，置以为像兮。"屈原此处意在以橘子喻君子，描绘其高尚品行，肩负大任的节义情操，独立不迁且脱俗的志向。这与坚强纯情，忠诚坚定的庐陵文化正好能相对应。

加之橘树也是吉水本土树种，据《橘谱》载："吉水西来橘柚香。"在民间"橘"与"举"谐音，暗喻"中举"之意，橘子在吉水乡音中又称柑橘，"柑嗯（guan，en）"与"官"谐音，"柑嗯"即"官嗯"，寓意"中榜当官"，橘子树在吉水种植的历史悠久，几乎家家都种植橘子树，在吉水地区自古就有以橘子作为祭祀贡品的传统。乡试录取者称之为举人，又称孝廉、乡进士、登贤书、相公等，第一名称为"解元"。在明清科举中，举人是一种正式的科名，可以出任知县、教谕等

低级官职，可通过拣选、大挑和截取三种途径任官，成为中国古代社会地方绅士的主体，多为地方有权有势又富裕的群体。

（三）玉兰园

玉兰园位于进士文化园内鳌山南麓，"文庙"西侧，南临"龙形香溪"水系，北抵"状元阁"，西临赣江。玉兰又有木兰花、广玉兰、紫玉兰之称，古名为辛夷，又名望春花。玉兰花期较早，喜阳耐寒，有报春花及报恩花的美誉。玉兰开花时花色惊艳、洁白无瑕，花香弥漫、沁心醒脑，加之花叶舒展、花蕾饱满，显得优雅而款款大方，并且有着高贵之态。

古时庭院配种玉兰树，在北方庭院中则与海棠树配植，有着金玉满堂之意。在南方，玉兰树辅以桂花树搭配种植则有玉堂富贵之意。从先秦至清代，玉兰深受达官贵人、文人墨客的喜爱，被广植于庭院之中。《离骚》中就有"朝饮木兰之坠露兮，夕餐菊之落英"的描述。玉兰树有如莲花不染尘埃，被世人认为富有"禅心"而被广植寺院之中，《玉兰》赞曰："净若清荷尘不染，色如白云美若仙。微风轻拂香四溢，亭亭玉立倚栏杆。"

玉兰树于冬季结花蕾，花蕾名为辛夷，是常用的中药材，有温肺通窍、祛风散寒之功效，主治风寒感冒、鼻窦炎、头痛等病症。玉

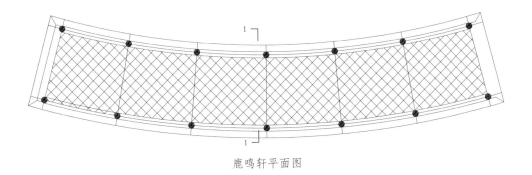

鹿鸣轩平面图

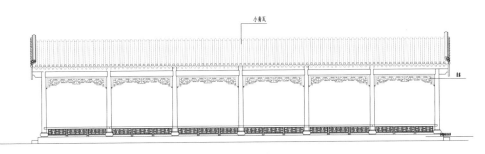

鹿鸣轩正立面图

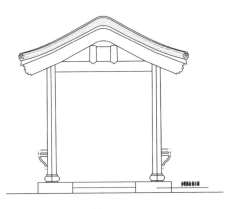

鹿鸣轩侧立面图

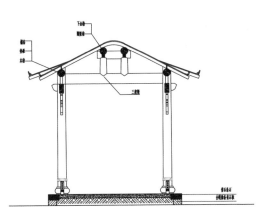

鹿鸣轩 1-1 剖面图

树冬结花蕾、春开花的自然生长特性被人们赋予了文化的象征寓意，它的精神对古时寒窗十年的学子，为追求梦想勇于攀登，勤奋刻苦读书明理，待春暖玉兰花开之际，发榜于春、高中榜首是一种希冀，激励着一代又一代的读书人。相传玉兰树是天庭中所栽植的树种，这种传说为古时文人所信奉。"阆苑移根巧耐寒，此花端合雪中看。羽衣仙女纷纷下，齐戴华阳玉道冠"（清查慎行《雪中玉兰花盛开》）是古人文人墨客这种思想的真实流露。他们在自己居住的庭院中种植玉兰树，既契合文人儒家治世处世之道，寄托他们修身齐家治国平天下自强不息的精神，又凸显了文人们向往壶中天地之出世情怀。

在玉兰园内有一座六开间的扇形廊轩，名为"鹿鸣轩"。文人爱扇，扇子乃清风雅物，鹿鸣轩以扇造形，寓意读书人的场所。《诗

经·大雅·烝民》中有"吉甫作诵，穆如清风"。《毛传》云："清微之风，化养万物者也。"南朝时期梁人刘勰《文心雕龙·诔碑》又言："标序盛德，必见清风之华。"可见清风也指代文人之风骨，亦喻指文人之品格，宋代大文人苏东坡的名言"与谁同坐，清风明月我"广为传颂，这些均对应了扇的品格。此外，扇形也有着两袖清风之意，寓意科举士子在进士及第、状元及第后，要有为官清廉的品德。

"鹿鸣"一词源于古代的鹿鸣宴。明清两朝在乡试发榜的第二日，考官及新科举人、中举满六十年的老举人，需一同至顺天府衙门、各省巡抚衙门赴鹿鸣宴。新科举人在谒见考官后依次入座开宴，齐唱《诗经·小雅》中的《鹿鸣》诗："呦呦鹿鸣，食野之苹。我有嘉宾，鼓瑟吹笙。吹笙鼓簧，承筐是将。人之好我，示我周行。呦呦鹿鸣，食野之蒿。我有嘉宾，德音孔昭。视民不恌，君子是则是效。我有旨酒，嘉宾式燕以敖。"《鹿鸣》诗描述了周王群宴并请众臣宾客作乐歌的场景。

宋代理学家朱熹认为君臣之间要以礼建构等级制度，要在形式上有所区隔，通过宴会的形式可以使君臣有沟通感情的机会，通过宴乐渲染和谐气氛，感染群臣对君主述怀，后逐渐民间乡人宴会中流传。正如朱熹《诗集传》云："兴也。此燕飨宾客之诗也。盖君臣之分，以严为主；朝廷之礼，以敬为主。然一于严敬，则情或不通，而无以尽其忠告之益。故先王因其饮食聚会，而制为燕飨之礼，以通上下之情。而其乐歌，又以鹿鸣起兴，而言其礼意之厚如此。庶乎人之好我，而示我以大道也。"其十分清晰地指出了鹿鸣宴的兴起缘由和作用。

因"鹿"谐音"禄"和"录"，既有录取之意，也寓意高官厚禄。此后鹿鸣宴这种宴会形式至唐朝始逐渐演化为科举制度中的一种规定，至发榜次日，皇帝给文武状元设

第五章 九园疏影 玉琢馨香 | *067*

宴，称御宴，同年团拜。有的地方官员也举办宴请考中贡生或举人的"乡饮酒"，热情洋溢的气氛，呈现了主、宾之间其乐融融的互敬情景。到北宋时期，鹿鸣宴逐渐普及。宋朝苏轼在《鹿鸣宴》中写道："连骑匆匆画鼓喧，喜君新夺锦标还。金罍浮菊催开宴，红蕊将春待入关。他日曾陪探禹穴，白头重见赋南山。何时共乐升平事，风月笙箫一夜间"，表达对新夺科举锦标的朋友美好的赞颂。除鹿鸣宴、琼林宴为文科宴外，还有鹰扬宴、会武宴为名的武科宴。宋朝吴自牧在其《梦粱录·士人赴殿试唱名》中详细记载："帅漕与殿步司排罗鞍马仪仗，迎引文武三魁，各乘马带羞帽到院，安泊款待……两状元差委同年进士充本局职事官，措置题名登科录……就丰豫楼开鹿鸣宴，同年人俱赴团拜于楼下。"

在进士文化园的玉兰园内设"鹿鸣轩"，还源于鹿鸣宴有御宴之称，"御"与玉兰花之"玉"谐音，昭示着高中榜首的状元们如同玉兰花般繁花似锦、冰雕玉琢、白玉无瑕。此外，玉兰之"玉"也寓意君子佩玉的身份象征，遵循儒家礼制文化下的秩序观，激励科考士子做人如玉、做官佩玉的人生理想。据《隋书·志第七·礼仪七》载："天子佩白玉。董巴、司马彪云：'君臣佩玉，尊卑有序，所以章德也。'今参用杜夔之法，天子白玉，太子瑜玉，王山玄玉。自公已下，皆水苍玉。"可见古人佩玉有严格的身份等级差别。同时，佩玉也是文人的一种修身之法，防止步行不能过于急躁，步态安稳才不会使身上的佩玉发出声响，这样才不致失礼。

《旧唐书·列传第九十五》记载："古人服冠冕者，动有佩玉之响，所以节步也。《礼》云'堂上接武，堂下布武'，至恭也；步武有常，君前之礼，进趋而已。今或奔走以致颠仆，非恭慎也。"武，迹也，指前后相接，小步行走，是形体修为，体文人之雅德。这种佩玉之礼在《宋史》中也有记载："《大晟乐》颁于太学、辟雍，诸生习学，所服冠以弁，袍以素纱、皂缘，绅带，佩玉。"可见，玉兰花如同文人佩玉，能够很好地体现出君子的风度和品德。吾邑先贤明朝状元罗洪先在《解学士文集》序中有："公亦有言'宁为有瑕玉，莫作无瑕石'。"

在十八世纪末，玉兰树传入欧洲。最早是英国博物学家约瑟夫·班克斯爵士及英国首相威廉·卡文迪什·本廷克将玉兰树引入英国，自此玉兰树走出国门在欧洲生根繁殖，在国外的园林绿化中发挥作用，同时也将玉兰花中的文化意义在世界范围内广泛传播开来。

（四）桃李园

桃李园位于进士文化园"文考场"东侧，北邻"状元府第"，南临"武考场"，东临沿江路。此处依照"桃李满天下"的典故进行布局设计，园中栽植桃树和李子树。

据汉朝《韩诗外传》记载："魏文侯之时，子质仕而获罪焉，去而北游。简主曰'……夫春树桃李，夏得荫其下，秋得食其实；春树蒺

藜，夏不得采其叶，秋得刺焉。由此观之，在所树也。今子所树非其人也，故君子先择而后种也'。"《韩诗外传》记载的这个美丽故事讲述了桃李与教育的关系。相传春秋时，魏国大臣子质知识渊博，因得罪魏文侯，逃至北方朋友家避祸，为不给友人增加负担，他开学馆招收学生以教学谋生。所招学生不分贫富贵贱，一视同仁。学馆内有棵桃树及李子树，来求学的学子都要在桃李树下行礼拜师。子质先生都会在桃李树下教导学子勤奋好学，为国贡献，成就大业。此后子质的学生遍布天下，以栽桃李树感恩先生的教育之恩。"桃李满天下"便逐渐演化为先生所教学生众多，布满天下的寓意。

桃李除了指代育人外，文人们还多以"桃李"形容貌美及身份高贵。在《诗经·召南·何彼襛矣》中"何彼襛矣，华如桃李"形容貌美；而在西汉司马迁《史记·李将军列传论》中"桃李不言，下自成

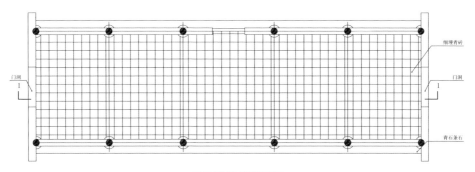

三元及第轩平面图

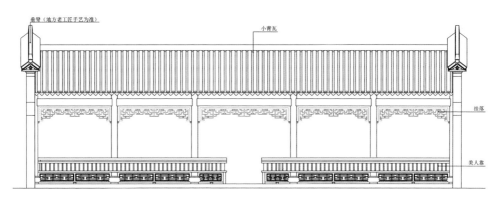

三元及第轩正立面图

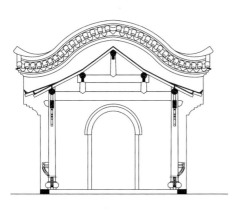

三元及第轩 1-1 剖面图

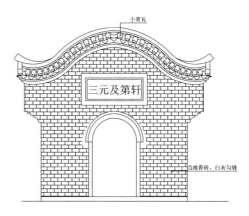

三元及第轩侧面图

蹊"则寓意为人品德高尚、诚实、正直,无须自我宣传即可获得人们的尊重和敬仰。至宋代名相寇准也有"位极人臣功济世,芬芳天下歌桃李"的说法。

在桃李园有一座"三元及第轩",此轩临近文武考场。桃李园中设置"三元及第轩"有其独特意义,它承载着考场上考生的梦想。"三元及第"是古时读书学子追求的最高荣誉,需在乡试、会试、殿试中均取得第一名才能获此殊荣。乡试第一名为解元,会试第一名称会元,殿试第一名为状元(或称殿元),三元及第又称"连中三元"。在中国科举历史上连中三元者寥寥无几。除以上"三元"的说法外,民间还有另外一种"三员"之说。其中院试通常有正场与覆试两场,录取者称为生员,俗称"秀才",又称茂才、庠生、博士弟子员、诸生等。若在县试、府试、院试中均名列第一者也可称为"连中三元",即民间所谓"小三元"。"三元及第轩"在建筑形式上采用庐陵官亭样式演变而成,砖木结构,是由两组轩式结构组合而成的长方形轩亭,寓意升官发财之双喜,且长久,游客可坐入轩中感受及第之祥瑞,沾点升官发财之喜庆。

(五)紫薇园

紫薇园位于进士文化园"古戏台"北侧,西临赣江,东临"梅园",北临"古街"。紫薇别名痒痒花、紫金花、紫兰花等,是中国的古老树种,有着几千年

的栽培史。在唐朝时,紫薇就盛植于长安宫廷之中,其木材坚硬、耐腐,花朵呈丛生状,花色鲜艳,花期久,有百日红、满堂红之称。宋代王十朋《紫薇》诗中描述:"盛夏绿遮眼,此花红满堂。"可见其颜色之红。紫薇大花如同高中的状元游街省亲时胸前所配的锦带红花,故紫薇花有喜庆吉祥、仕途官运、尊贵富裕之意。吾邑先贤南宋诗人杨万里曾作诗形容:"似痴如醉丽还佳,露压风欺分外斜,谁道花无红百日,紫薇长放半年花",盛赞其花期之长。

古时紫色称为贵气的颜色。紫薇花也可寓意进士及第后所受的紫衣官袍,紫衣是指五品以上的官阶。《隋书·志第七·礼仪七》记载:"杂用五色。五品已上,通着紫袍,六品已下,兼用绯绿,胥吏以青,庶人以白。"其他如系官印的绶带也是采用紫色,在《汉书·百官公卿表》中有"相国、丞相,皆秦官,金印紫绶"的记载。在宋朝,被皇

第五章　九园疏影　玉琢馨香 | *075*

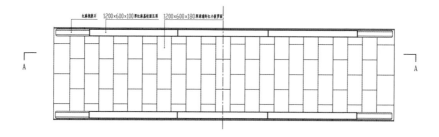

会元桥平面图

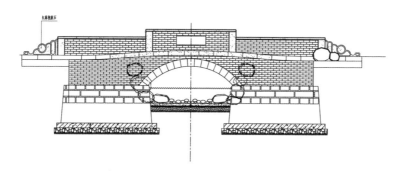

会元桥立面图

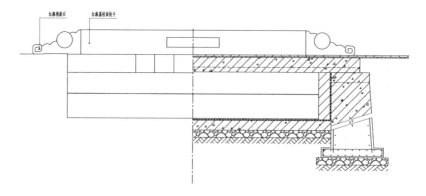

解元桥立面、剖面图

帝赐予紫袍是无比光荣之耀,《宋史·列传·杨允恭》载"赐紫袍、金带、钱五十万"是帝王对士大夫的无上奖掖。

此外,历史上关于紫气的成语很多,都是美好祝愿"紫气东来""紫气充庭"等,乃至封建王朝的首都北京故宫也称为紫禁城。

进士文化园中营造了一处紫薇园。紫薇园中有溪流贯穿,由此往南至状元府第,共设三座桥梁,连接紫薇园和易货轩的桥梁名为"会元桥",连接紫薇园与戏楼广场的名为"解元桥",连接紫薇园与状元府第的名为"状元桥",此三座桥也寓意"三元及第"或者"连中三元"之意,又表示三元及第后穿紫袍,戴红花的显赫荣耀,因在"桃李园"一节中有详细介绍,兹不赘述。

(六)桂花园

桂花园位于进士文化园内"文考场"及"武考场"北侧,西临赣江,东邻"桃李园",北临"状元府第"。桂花又名岩桂,也是江西的本土树种。桂花树有八月桂、金桂、银桂、丹桂、月桂之分,再往下细分则有上百种品种,桂花是中国的传统名花之一。

桂花香气四溢,芬芳馥郁,尤其在中秋时节,长空月圆伴随着桂树的暗香疏影,别有风姿。据记载,桂花树的栽培有着三千多年历史。汉晋刘歆着、东晋葛洪辑抄的《西京杂记》中记载:"汉武帝初修上林苑,群臣皆献名果异树奇花两千余种,其中有桂十株。"这是比较早记

录桂花树在皇家园林中种植的文献。

桂花树有折桂之说，桂冠之意，贵气之意。在科举时代，科举考试的秋闱，正逢秋季丹桂花开的时候，所以古时学子把荣登夺魁比喻成折桂，象征文人士子无上的荣誉。《晋书·郄诜传》记载："武帝于东堂会送，问诜曰'卿自以为何如？'诜对曰'臣举贤良对策，为天下第一，犹桂林之一枝，昆山之片玉'"，以桂林一枝来喻天下第一。此后，进士及第者便有了"蟾宫折桂"的雅称。

明代学士宋濂在《重荣桂记》中详细记载了吉水泥田学子折桂的故事。"庐陵周氏奕集，以诗书为业，有《字善障考》与《其于学颜》皆以文鸣，荐绅间故庐，在吉水之泥田，那门搏之内，桂树瞻章扶疏而离，纵画日成阴纵衡可二，认速望之章重，若车盖然元至正，壬辰红巾盗起，庐舍皆化为煨炉，柱亦焚死，剪取玬枚柯为薪，唯干独存，越五年甲中，桂忽发练芽，肤间已而怒长，不数年闵翁郁。若云布东南有小桂者泊亦壤于兵至秦盟筑出句根抵枝场沃如也间师里尹过之戟手指曰此非禅也妖也物反常，则为妖烈火之所惟，炙津枯于内枝，焦于外生，思安能实之生，思不贯而萌，禀恶乎生，苟谓其生，为祥则倒，监之槐僵起之，柳不亦祥之大者，欤或曰非也，北祥也，天池之间有开必光，其机之动，间不容发，文公之感，神竹生笋，田氏之聚，枯荆再华，盖草木最得气之先老也。大化流衍占盛衰者，每于斯观其兆焉，唐人以摧第者为折桂，北治周氏，科日之征手，二者之论久未有所定，国朝畔武庚戌学颜之手，仲方以明经，举于乡会试，南宫除侍仪便出，为甲车令以政事闻，然后始知桂之重荣，非为妖也实祥也，于尝闻之人，事之与天道诚相表里，有咸必有枢，始终循环，无穷今以兹桂征天而验，人其祥固无疑者，岫而君于之论，祥当在人，不可使物得以，专之仲方，盖率德励行，使德磬连闻，既以华其躬又以壶其后人，周氏之兴，其冶未艾也欤。系之以诗曰维杜之良，其色中黄，其气坠芳，有士治经芫芝于庭，比德之屠帕显执艾来艺惑卢桂亦变枯墙弱，此然句踵至颠气绝弗联胡彼绿苞怒长如毛有华其膏日益以。"如神话般的传奇故事却真实反映了当时文人对科举的态度。

这种文人理想在清代的民间生活中处处可见，并被文学家融进了文学创作中。《红楼梦》第九回记载："彼时黛玉在窗下对镜理妆，听宝玉说上学去，因笑道'好，这一去，可是要蟾宫折桂了，我不能送你了。'"可见蟾宫折桂一词的影响非常广泛。在文、武考场周围遍植桂花，正是映衬了文人学子望月闻桂香，折桂夺魁的美好向往。

（七）红叶园

红叶园位于进士文化园内鳌山山体上，鳌山之意在第四章一带两林，耳目则引中详细介绍，此处不做解释。在此山混搭种植的是乌桕、红枫和香枫等吉水乡土树种。乌桕在中国有一千四百多年的栽植史；香枫又名红枫、红颜枫，相传是黄帝追杀蚩尤时所染红，根据《山海经·大荒南经》记载："有木生山上，名曰枫木。枫木，蚩尤所弃其桎梏，是为枫木"，可证其历史。在鳌山山体上栽植三种本土红叶树种，

一是有利于栽培和日后养护,二是可以错开红叶观赏时节,延长红叶观赏时间。无论春节前后,还是秋季时节,都可以看到满山红遍,实在是一片美景。

红色是中国传统的吉祥喜庆颜色,古代有"朱门""朱衣"等称谓。过"朱门"便一步登天,入朝为官;穿"朱衣"则喜事临门,好运连连。红在阴阳五行中为火,火者生也,《周易·系辞上》云:"生生之谓易。"《周易·条辞传》云:"天地之大德曰生。"营造红叶园,寓意一红当先,鸿运当头,与山顶的状元阁相互映衬下,同样有独占鳌头之意。吉水籍宋朝先贤杨万里作诗《秋山》:"乌桕平生老染工,错将铁皂作猩红。小枫一夜偷天酒,却倩孤松掩醉容。"对乌桕、枫树之美描绘得淋漓尽致。

此外，红枫的"枫"与"封"同音，有"受封"之意，游客畅游鳌山观赏状元阁时，可受封祥瑞云气，染状元彩头。顺着红叶园西南向至赣江边有座江边观景亭，该亭形为四边，名为"经义亭"，顾名思义是倡导学子要研习经籍的义理。《汉书·郊祀志》记载："皇帝即位，思顺天心，遵经义，定郊礼，天下说憙。"遵经义、探义理就是要士子们在十三经中学习治国做人的道理。此外，自宋代十三经是科举考试的科目之一，读书学子应考时须阐明十三经中的义理，所以名为经义，演变至明清时期变成了八股文。"经义亭"还契合了这个层面的意思。

通过种植不同季节的植物进行营造，整个鳌山山体被修饰成了不同季节都有着不同景色的好去处。无论在哪个季节游玩，从哪个角度望去，都有着截然不同的视觉效果。正如宋人郭熙所言："山，春夏看如此，秋冬看如此，所谓四时之景不同也；山，朝看如此，暮看又如此，阴晴看又如此，所谓朝暮之变不同也。"

（八）松园

松园位于进士文化园内鳌山东麓，"藏书楼"北面，北邻"橘园"，东邻"竹林"，西邻"香溪环山"景点。平冈远山、松林草坪使此处风景别具一格。松园采用本土马尾松及部分柏树、黑松种植。松者，君子也，古有"皇家松、将相柏"及"万年松千年柏"之称。《论语·子

罕》记载："子曰：岁寒，然后知松柏之后凋也。"在寒冬季节，其他树木都凋零了，只有松、柏挺拔长青，以此隐喻文人士子要耐得住寂寞，守得住初心，风欺雪压，尤见精神是具有坚韧的品质和君子的德行。

松柏具有顽强的生命力，在寸土不生的地方依然屹立。《说苑》中"草木秋死，松柏独在。"《礼记·礼器》云："其在人也，如竹箭之有筠也，如松柏之有心也。二者居天下之大端矣，故贯四时而不改柯易叶。"所以在很多文人笔下均以松、柏来体现十年寒窗士子学而优则仕的精神追求。

古时文人爱松，松四季常青，体现君子之风度，文人之傲骨。它与梅、竹合称为"岁寒三友"。正如清代文人郑板桥《竹石》中"咬定青山不放松，立根原在破岩中。千磨万击还坚韧，任尔东西南北风"，赞颂松柏斗寒傲雪、坚强挺拔、正气高尚、万寿长青精神的诗句层出

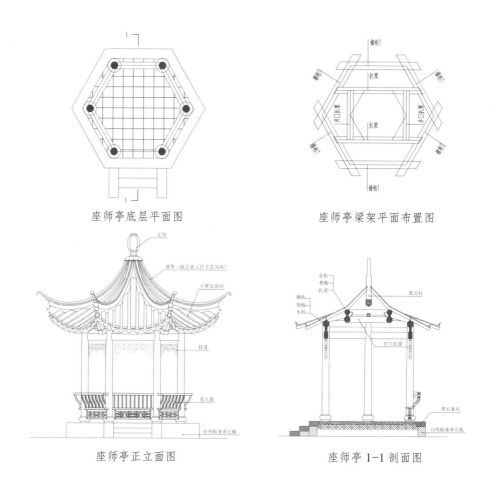

座师亭底层平面图　　　座师亭梁架平面布置图

座师亭正立面图　　　座师亭1-1剖面图

不穷。汉代刘桢有"岂不罹凝寒，松柏有本性"、明人饶相曰："松柏有本性，岁寒亦不移""松柏有本性，金石见盟心"等，乃至现代革命家陈毅也有"大雪压青松，青松挺且直"的感慨，赞颂青松是一种君子情怀，崇慕青松倔强峥嵘、四季如一、自信无畏的精神，这也是古代文人所追求的品格。

爱屋及乌，乃至用松树做的松烟墨条也成为文人雅士所风靡追求的

雅物。松又"颂"的谐音,《辞源》云:"仪容和赞美之意",《汉书·卷八八·儒林传·王式传》云:"唐生、褚生应博士弟子选,诣博士,抠衣登堂,颂礼甚严。"种植松树,以表风仪严峻,松形鹤骨,德荣兼备的君子风度。颂者,美盛德之形容,是对进士及第的学子们的赞美之意。

在松园北面山坡上有座亭子,名为"座师亭"。座师之名源于明清时期对科举考试主考官的尊称。明末清初人顾炎武所撰《生员论中》记载:"生员之在天下,近或数百千里,远或万里,语言不同,姓名不通,而一登科第,则有所谓主考官者,谓之座师。"此处在松园中建"座师亭"也寓意着监考官应具备如同苍松一样的品格,守住自己的初心,坚定节操,以高尚脱俗的品德,做到公正无私,秉公主事,成为一名不掺杂私念的合格的监考官。

(九)梅园

梅园位于进士文化园内古街南侧,西临戏楼,东临"仙壶鸥鹭"景点,南临易货轩。梅花属于小乔木,是中国十大名花之首。它与松、竹合称为"岁寒三友",与兰、竹、菊合称为"四君子",用于展现君子的高尚品德。梅傲也,兰幽也,竹澹也,菊逸也。梅是报春使者,象征着吉庆祥瑞,古人将"元亨利贞"归为梅之四德,即初生为元,是开始之本;开花为亨,意指通达顺利;结子为利,象征祥和有益;成熟为贞,代表坚定贞洁。

梅的观赏历史已有千年,先秦文学著作《诗经》中即有"山有嘉

卉,候栗候梅"的记载。秦汉时期,梅就已经开始用于庭院绿化中了。《蜀都赋》中有"被以樱、梅,树以木兰"的记载。《西京杂记》中也有"汉初修上林苑,远方各献名果异树,有朱梅,胭脂梅"的记载,可见梅作为观赏树种的历史之悠久。

梅花在历史上一直为文人墨客所喜爱,文人书写梅花的书籍众多,有关梅花主题的诗词更是浩如烟海。吉水籍诗人杨万里存世的咏梅诗就有二百四十八首。毛泽东《咏梅》中"俏也不争春,只把春来报。

待到山花烂漫时，她在丛中笑"将梅花的性格写得生动活泼，恰如可爱俏皮的少女，天真烂漫。此外，梅花耐寒，在寒风傲雪中无论阳光、春风和雨露，它始终绽放绚烂的花朵。开花时望若红霞，冰清玉洁、一尘不染、坦荡自如。正因如此，君子爱梅、士子爱梅、文人墨客更爱梅。

在梅园中有座小岛，岛上曲桥连接，岛中央有座亭子，名为"槐亭"。为何不称"梅亭"而称"槐亭"？是因为"槐"与"魁"字形和字音相近，有科举"及第、夺魁"之寓意，也可代表魁星，所以古代读书人常以槐树表征科举考试，比如槐秋指考试年，踏槐指举子赴考，槐黄指考试月。家有考生的人家往往会在院子里种植槐树，希望子孙后代得魁星护佑登科入仕。

此外，在古代槐树也是三公宰辅之位的象征。槐与官往往相连，如槐鼎，比喻三公或三公之位，亦泛指执政大臣；槐位指三公之位；槐卿指三公九卿；槐兖喻指三公；槐宸指皇帝的宫殿；槐掖指宫廷；槐望指有声誉的公卿；槐绶指三公的印绶；槐岳喻指朝廷高官；槐蝉指高官显贵；槐府指三公的官署或宅第；槐第指三公的宅第。所以槐者，魁也，魁梅也。古时道教抽签求卦中有一卦为"魁梅独占雪山景，丹桂高标月桂香。比士文场应得胜，管教享泰喜非常"，抽中此签者往往会被告知将有吉星高照，金榜题名之兆。

整个进士园的植物种植以乡土树种为主，配置少量外来树种。在整体布局上以九园为主，园与园之间通过密林种植形成天然隔断，既自然又有围合感，同时还能营造出幽静的心理感受。中国的哲学体系认为，地球板块的东方属阳，西方属阴，东方为日升则阳气生长，西方为日落则阳虚阴出。故而东方人属于阳性体质，怕热喜阴凉，以阴平衡阳性体质，西方人属于阴性体质，故而喜欢阳光来平衡。东方人怕晒，皮肤一晒就坏，喜树荫，喜阴凉，喜幽静，喜欢在阴凉处和亭廊轩中休憩；西方人喜阳光，皮肤喜晒，喜欢明亮，喜欢在草坪、沙滩上休憩玩耍。

《黄帝内经》云："阴静阳燥"，幽静的地方容易使人安静不易心浮气躁。又云："阴阳和平之人，居处安静，无为惧惧，无为欣欣，婉然从物，或与不争，与时变化，尊则谦谦，谭而不治，是谓至治。"其强调阴阳平衡使人平静安逸，不争不躁，顺应外物。因此，古时造园和

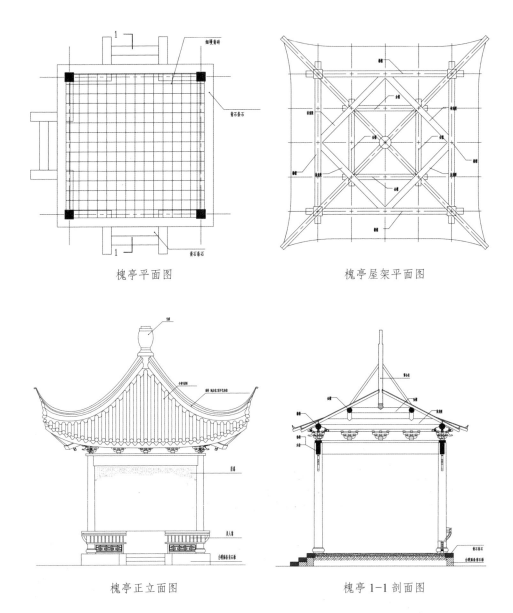

槐亭平面图

槐亭屋架平面图

槐亭正立面图

槐亭 1-1 剖面图

筑造居所时,追求幽静、阴凉的效果使百姓居住舒畅安心,平静和谐的空间。在这种哲学体系下,中国传统造园喜欢植树,讲究阴凉的居住空间。尤其在江西境内,村村都有大樟树,大榆树,大朴树等,树绕村庄,大木丛生,村庄常常隐于丛林之中。村民们在盛夏的夜晚常常聚集在树下乘凉唠家常,这种情况在南方其他地区基本相同。

中国古典园林讲究综合艺术,在此包含了阴阳五行的哲学思想。除此,造园时注重植物和建筑的搭配,植物和建筑不能分离,建筑是园内之"骨架",植物是园内之"肉身",小径是园内的血脉或者称为园内之经络。只有植物没有建筑的园林空间就显得太柔,太虚,太野,太散;只有建筑没有植物只能称为城市、街区,太硬,太刚,太拙,太实。造园就得虚实结合,刚柔并济。

在造园的植物配置时,造园师充分考虑的是林木绝胜,四季常绿,四季有景,四季有花的观赏效果。《礼记·孔子闲居》中所说:"天有四时,春秋冬夏,风雨霜露,无非教也。地载神气,神气风霆,风霆流形,庶物露生,无非教也。"造园师按照天道秩序,四时之变进行植物配置，也是符合古代"礼"法下天人合一的思想。《荀子·天论》云："从天而颂之，孰与制天命而用之"，荀子认为星坠日食，刮风下雨，春生夏长有其自然规律，是自然现象，他主张"制天命而用之"来掌握自然规律而造福人类。

造园时充分考虑本地气候、土壤、水质等因素，采用本土树种形成局部小气候，做到四时有景。春天有桃花、玉兰、橘花、李子花、樱花、海棠、连翘、迎春、栀子花、牡丹等；夏天有荷花、睡莲、合欢、百合、紫薇、紫藤等；秋天有木槿、夹竹桃、月季、桂花、木芙蓉、菊花等；冬天有梅花、山茶、含笑、杜鹃等。除了种植开花树木，还配置有常绿为主、落叶为辅的乔木、小乔、灌木、花卉地被，将进士文化园打造成为"春赏百花秋望月，夏有凉风冬观雪。若无闲事挂心头，便是人间好时节"的风光胜地。进士文化园区的植物配置充分考虑了四季差异，采用错落有致、自然配置手法，让游客进入园区后仿佛进入天然森林中。

在重点营造的九园中，以枝繁叶茂，郁郁挺拔，亭亭玉立的树形进行综合考虑。"秀色粉绝世，馨香谁为传"？步入各园，瑶林琼树、青松翠柏、杨柳含烟、疏影横斜。每至花期，众花盛开，瑶圃百本，锦帐重叠，灿若瑶华。作为观者，你可以停下脚步，静心悠然，可品樱花香、桔香、玉兰香、桃花香、李子花香、紫薇花香、桂花香、枫香、松香、梅香等，暗香盈袖香满园，兰薰桂馥沁心脾，淡淡的花香让你恍然有醉园之感。

第六章

十八景色 进士天地

进士文化园园区布局要充分考虑地形地貌，造园的核心应该是顺应自然，不拘一格。明朝造园家计成的《园冶·相地》云："园基不拘方向，地势自有高低；涉门成趣，得景随形，或傍山林，欲通河沼。探奇近郭，远来往之通衢。"从中可见，当时的造园师造园择地不拘一格，或者临水，或者靠山，或者在山野，或者临近城市，但无论如何道路一定要通畅。进士文化园地处低洼地区，临近赣江，属于滩地。在规划布局时，既要符合当前国家工程建设规划标准、条例条规，又要考虑消防规范、水文要求，做到能防五十年一遇的洪水标准。此地造园无异于戴着镣铐跳舞，即便如此，也要营造出有高有凹，有曲有伸，有峻而悬，有平有坦，自成天趣的园区，让游览者步入其中，宛如天开。

《园冶·山地林》云："杂树参天，楼阁碍云霞而出没；繁花覆地，亭台突池沼而参差。绝涧安其梁，飞岩假其栈；闲闲即景，寂寂探春。好鸟要明，群麋偕侣。槛逗几番花信，门湾一带溪流，竹里通幽，松寮隐僻，送涛声而郁郁，起鹤舞而翩翩。阶前自扫雪，岭上谁锄月。千峦环翠，万壑流青。"这是一座好园子的标准。如何做到一步一景，步步相连，处处幽静？造园师在整个园区内顺应本有的地形地貌，遇低凿水，需高培山，规划出"十八景"。通过"自成天然之趣，不烦人事之工"的营造手法，结合儒释道思想，处处体现进士文化，营造出典雅生动，可憩、可观、可学、可游的园林空间。

从东门入园，往北入"藏书楼"洗礼书海，穿过"竹林"，过"松园"，爬鳌山可以观览全园风景，又可借景赣江沿岸的古城墙；绕鳌山往北，入"远浦归帆"之船舫，近距离观览赣江与乌江交汇融合之壮景，感受十年寒窗学子乘舟赴考的场景；穿过鳌山西麓往南，入"文庙"瞻仰孔圣人，过"棂星门"可往南进入樟树林，抚摸状元牌坊体状元品格；在此可以往东寻幽，也可以往西探古。过状元门，逛古街，看一场地方戏曲。临"状元府第"，品一餐状元宴。再往南感受十年寒窗的文考场，及武状元的夺魁之地。按照这一游玩路线规划的"十八景"分别为：及第大观、书香万古、香溪环山、庐陵印象、泉涌吉水、鼎元天下、远浦归帆、大成至圣、高步云衢、鱼跃太和、映日荷色、文峰古渡、鱼升龙门、对台唱古、仙壶鸥鹭、状元府第、闹墨忆梦和独占鳌头。"十八景点"的设置有着中国哲学思想的考虑，"十八"这个数字是由两个"九"累加而来，九是阳数中最大的数，九除以八，八为八卦，尾数得一，一为乾卦，乾代表天，九也为乾卦也代表天，两个九即为九九归一之意。老子《道德经·第四十二章》云："道生一，一生二，二生三，三生万物。"一即为天道，十八景的布局，寓意处事为人要敬天顺道，始终如一。

（一）及第大观

"及第大观"景点位于中国进士文化园东北方位，即"吉安·中

国进士博物馆"馆舍建筑。其东临沿江路,南为"官署",北为"藏书楼"。该建筑的设计思想源自庐陵村落、村巷的结构形式,以巷巷相通,村房相连的布局形式,转化组合成大气恢宏的新传统建筑。

中国传统建筑均采用坡屋顶的结构形式,坡屋顶既可烘托建筑的气势,又可使建筑空间冬暖夏凉。传统屋顶结构以四面坡的称为庑殿型,可做重檐;上半部为硬山下半部为庑殿组合而成的称为歇山型,可做重檐;屋顶突出两面山墙为悬山型,为唐宋遗风,在当代的客家建筑中还保留有悬山型屋面形式,在没有大规模使用青砖作为建筑材料时,以前的建筑均采用土坯墙体结构形式,采用悬山结构是防止雨淋浇注导致土坯墙溃散,在吉安地区至今保留很多悬山屋顶传统民居

建筑；屋顶不突出山墙称为硬山型；此外还有攒尖形屋顶，分圆攒尖、四角攒尖、八角攒尖型等，进士文化园中的状元阁就是八角攒尖型屋顶。北京颐和园内的佛香阁则为八角攒尖型重檐屋顶，而天坛祈年殿则是圆形攒尖型重檐屋顶。

中国进士博物馆馆舍的屋顶采用非对称性的硬山屋面形式，如同翻开的书籍形状，预示着吉水将重新翻开庐陵文化的篇章，同时也反映了吉水作为耕读文化的地域特色；不对称的屋顶寓意正在翻开书籍，谓之动态场景，是延续十年寒窗，专心致志，日夜勤读的精神。屋面采用青色筒瓦，象征着青天，也有青出于蓝而胜于蓝的寓意。斜坡屋面、墙身、墙裙或者墙脚，暗合"天地人"三才合一。

当今社会强调建筑空间的使用率和实用性，不会浪费每平方米的建筑空间，现代建筑很少有坡屋顶结构。传统建筑的屋顶结构所营造

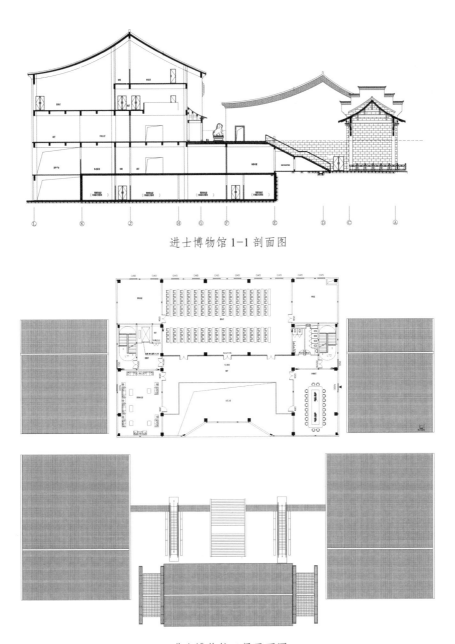

进士博物馆 1-1 剖面图

进士博物馆三层平面图

的空间，基本上是无法使用，用现代人眼光看是极度的浪费。

在古时，传统建筑屋顶隐含着很多哲学文化，其规制有着严格的等级区分。屋顶、墙身、墙裙或者墙基同样遵循着儒家礼法，屋顶谓之天，墙基谓之地，人居其中，因而称为天地人三才。《易经·说卦传》云："昔者圣人之作《易》也，将以顺性命之理。是以立天之道曰阴与阳，立地之道曰柔与刚，立人之道曰仁与义，兼三才而两之。"汉朝董仲舒在《春秋繁露》中云："三画而连其中，谓之王；三画者，天地与人也，而连其中者，通其道也，取天地与人之中以为贯，而参通之，非王者庸能当是。"至后来的《三字经》中也有"三才者，天地人。三光者，日月星。三纲者，君臣义"等观点。

可见，在中国传统哲学中，天地皆有道性，有其自然运行规律，人生天地间，当效法天地之道，遵循天地规律，消除我相及自我，与天地万物共处，三者应当既独立又相互依赖、相互制约达到和谐的状态。"天地人"的和谐在建筑体上代表着人对天（屋顶）的敬畏之心，对天的敬畏又可转化对天子的忠诚，人对地（墙基）的敬畏之心，对地的敬畏又可转化为脚踏实地地做人，无敬畏之心则无规矩，建筑就会做成离奇古怪，奇丑无比。

对此，《论语·季氏》中孔子云："君子有三畏，畏天命，畏大人，畏圣人之言。畏者，严惮之意也。天命者，天所赋之正理也。知其可畏，则其戒谨恐惧，自有不能已者。而付畀之重，可以不失矣。大人圣言，皆天命所当畏。知畏天命，则不得不畏之矣。小人不知天命而不畏也，狎大人，侮圣人之言。"孔子在此提出要对天、长者、高位之人及圣人之言都要有敬畏之心。这与《孟子·尽心上》的"仰不愧于天，俯不怍于人"将父母俱存，兄弟无故与得天下英才而教育之合为人生的三大乐事如出一辙，都是倡导人们常怀敬畏的君子之心，教化人们遵循天道，遵循自然，约束自己，不可为所欲为。

古时的传统建筑，采用坡屋顶既是烘托建筑的气势，凸显建筑作为载体的威严，使人由衷地产生敬畏之心，体现天子畏天爱民，百姓畏天忠君，安分守己，其折射的文化比空间的浪费更加重要。由此而知，坡屋顶不仅仅是遮风避雨，不在乎实用性，经济性，效益性，而是建立在经济效益之上的精神信仰，从而转化为敬畏之心的象征图腾。

曹操《度山关》载："天地间，人为贵。"《说苑·杂言》云："万物唯人为贵"，进士文化园内的亭廊楼阁等建筑均采用的是传统屋顶，含有屋顶的建筑也是建立在儒家仁爱的思想中，以人为本，人为尊贵，人与自然共融，享受自然同时却不会被雨淋日晒。根据出土文物来看，秦汉以前的屋顶均为直面屋顶，屋面没有弧度。随着建造水平的提高，以及文化的发展，唐宋以后的屋面均含有弧度。有弧度的屋面有利于雨水流动时，迂回而产生抛物线，使冲力致雨水抛得更远，让雨水流下来时会远离台明，从而保护土坯房屋及砖木结构建筑。

庐陵地区的建筑随着时代的发展逐渐与北方建筑拉开距离。北方建筑以院落为主，三面青砖清水墙，内侧木结构墙体。而庐陵建筑是四面均为青砖清水墙，有些建筑虽然局部有少量木结构，却大多数采用悬山屋顶和前后飘檐来保护木结构。吉安地区的庐陵建筑，其屋面依然保留着秦汉时期的直面屋顶结构，没有弧形。从庐陵地区的建筑屋顶结构就能看到庐陵人刚直不阿，诚心正气，耿直率真，不服不屈的性格特征。

随着中国建筑逐渐西化，建筑文化中已经没有了"天地人"的概念，没有儒家礼制文化的约束，基本上是以包豪斯风格的方盒子结构为主体，按照当代建筑规范，设计师则可以随心所欲，没有条理，更多体现其设计个性，殊不知规范只规定建筑结构和消防的安全，却没有规范外立面的结构。此次进士文化园内的屋面采用了弧面形屋顶，既不同于庐陵传统的地方建筑文化，也不同于现代包豪斯风格影响下的屋顶形式。而是延续了儒家传统的礼制，本着使人怀着敬畏之心对待天道，规范社会秩序的思考设计的屋顶，希望以物载道，来约束人们的言行举止，起到修身正心的作用。

墙面青砖采用"两扁一斗"的庐陵明式建筑做法，体现庐陵学子的雅致朴实。两扁一斗清水墙建筑结构形式是赣式建筑特点，尤其是庐陵建筑的特点，体现了古代工匠智慧。这种结构可以营造墙体空心，起到冬天保暖，夏天隔热的作用。庐陵地区明早期的墙体基本是直接留空，到明后期大部分墙体斗砖中会用红土或者砂石填实。至清朝后期，庐陵地区大部分建筑受北方建筑影响，"两扁一斗"的清水墙做法被"一丁一顺"清水墙取代。北方的青砖墙体是三七墙，比较敦厚，厚实的墙体有着冬暖夏凉的作用，而吉安地区的建筑比较轻巧，墙体为二四墙，轻巧的实墙体达不到空心墙体的隔热保暖之作用。今天在庐陵地区民间还有以"扁到头"的做法来炫耀个人财富，这样既缺少了南方建筑的轻巧雅致，又没法起到冬暖夏凉的作用。随着历史的因素，"一丁一顺"逐渐成了庐陵建筑风格。

中国进士博物馆内的空间布局严格按照儒家"礼"的秩序进行。东门入口看，东园门呈现的是庐陵明初的建筑风格。采用面阔五间、进深三间，硬山屋面，"一丁一顺"清水墙砖木结构形式。穿过东园门，踏上轴线御道，矗立着一座宏阔行雄伟的进士牌坊，牌坊样式按照吾邑先贤文天祥陵墓前宋代南方牌坊样式复制而成，面阔五开间，素雅朴实，简洁大气。

穿过牌坊后可以沿御道观赏两侧的"洗心池"，池中种植睡莲，设计思路源自吾邑先贤杨万里的《小池》："泉眼无声惜细流，树阴照水爱晴柔。小荷才露尖尖角，早有蜻蜓立上头。"杨万里这首诗捕捉了蜻蜓立在即将盛开的荷花之上的情景，泉水在流、荷花即开，蜻蜓点立，反映了诗人如何在动态的气氛中保持心静如水，悄然无声的状态。此处设计借助此意境，让游客闲庭信步感受以动制静，闹中取静的观蜓意境。种植莲花，象征着宋代周敦颐《爱莲说》中"出淤泥而不染，濯清涟而不妖"的君子品格。穿过"洗心池"，两侧的"洗心池"将观者浮躁拂拭归于沉静后，再过一处高大雄伟的仪门，便可平和静气地参观学习跨越千年的科举进士文化，洗心祛燥，存敬观展。只有洗尘土，净凡心，存敬畏方可感受通过寒窗苦读改写命运的学子们的不凡人生，品进士们的中通外直，不折不挠，质朴正直，自持高洁，清逸超群的美德。

通过这种"庭院深深深几许"的幽深布局，采用仪式感的构想来体现儒家的"礼"，使观者产生对"天地君亲师"的敬畏之心。《荀子·礼论篇》云："礼有三本：天地者，生之本也；先祖者，类之本也；君师者，治之本也。无天地，恶生？无先祖，恶出？无君师，恶治？三者偏亡，焉无安人。故礼，上事天，下事地，尊先祖，而隆君师。是礼之三本也。"天地育万物、生君子，君子理天地，爱国忠君、孝敬父母、顺从长亲、尊师重教，这种价值观是中国古代社会伦理道德的秩序。通过这样的建筑布局可以营造人们对"天地君亲师"的敬畏之心，体会学而优则仕的古代进士们，本着心怀敬畏的价值观入世为官爱民，爱国忠君。

中国进士博物馆二进三层大厅为主体建筑，主体建筑前面南北两侧设置两层厢房，结合东面主入口的仪门，形成了大四合院的布局。从正面看，博物馆的建筑造型像一件官帽椅，体现了古代科举考试学而优则仕的理想追求。

由仪门进入，顺着台阶登上二层明堂，就是博物馆的主入口，主入口大门采用"大门小口"的形式，即八字敞开形拥抱状的大门造型，中心设置木结构抱厦古建筑仪门。八字口两侧的墙壁上以砖雕形式描绘有关科举文化及状元文化的内容；大八字入口寓意学子要有胸怀天下的格局，要有宰相肚里能撑船的气度，又体现了文人的社会担当和使命感，正如北宋理学家张载《横渠语录》中"为天地立心，为生民立命，为往圣继绝学，为万世开太平"的文人抱负和追求，境界弘远。

抱厦小门则意味着做人要虚怀若谷，功成弗居，以不骄不躁的情怀做人，同时又要在入世中谨言慎行。如老子《道德经·第九章》云："持而盈之，不如其已。揣而锐之，不可长保。金玉满堂，莫之能守。富贵而骄，自遗其咎功遂身退，天之道也。""大门小口"的形式也体现了吉水人的抱负不凡而谦卑低调的朴实性情。

以中国进士博物馆馆舍建筑为主体的"及第大观"景点，全面展示了中国开创科举以来的进士文化专题。展厅内容分为七个部分，即进士及第之千年科举历程，鱼跃龙门之进士考试程序，栋梁之才之历代进士大观，彪炳史册之进士与中国史，人杰地灵之江西科举与进士，泽被世界之外国科举与进士，流风余韵之科举的现代影响。

(二)书香万古

"书香万古"景点的主体是藏书楼。藏书楼位于中国进士博物馆北侧,北临"松园",东临"竹林",西面为"鱼跃于渊"园中园,即"太和园"。藏书楼的建筑结构同博物馆类似,采取庐陵村巷建筑元素,但与博物馆建筑不同的是,藏书楼的布局除了以村巷形式组合成大小不同的屋顶院落外,也借鉴了庐陵祠堂的结构样式,入口采用抱厦仪门形式,以前后两进形成中心天井院落模样,还原地方建筑特色,尤其是庐陵建筑四水归堂的特点得到凸显。院内南北两侧种植芭蕉树,营造"雨打芭蕉夜读书"的意境。

藏书楼的建筑设置为前主三后辅二的结构形式,即前三层,后两

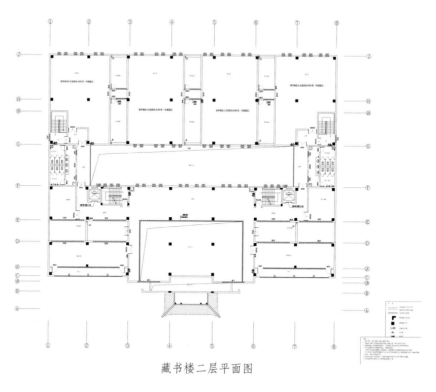

藏书楼二层平面图

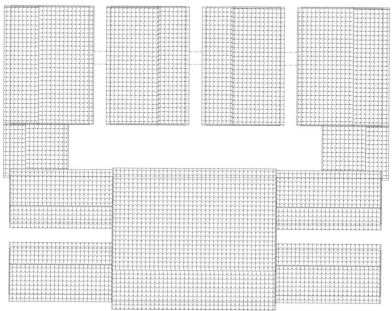

藏书楼顶层平面图

第六章 十八景色 进士天地 | 111

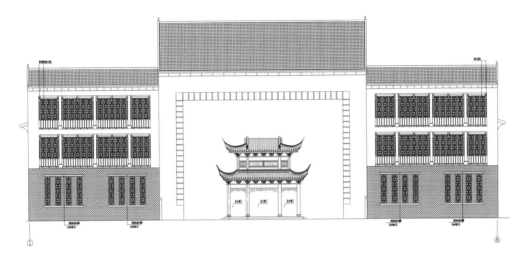

藏书楼①-⑧轴立面图

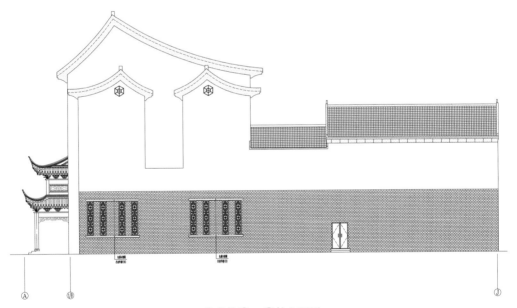

藏书楼Ⓐ-Ⓙ轴立面图

层，主楼外观在侧面看如同古代书生帽，寓意读书人的地方；楼后建筑采用"园中园"形式，可安静阅览群书，也可悠闲品观园景；主楼建筑以传统楼体形式，楼者，阴也，故而以单数称之，三、五是也，如三层岳阳楼，五层黄鹤楼。其结构为三栋组合成中轴对称形式，中间为主楼，正立面融合庐陵明式建筑形式，演化成独立墙体组合一进院型，形成正面前檐明窗格式，便于感受屋檐下雨的意境。对应吾邑先贤杨万里《不寐听雨》中"雨到中霄寂不鸣，只闻风拂树梢轻。瓦沟收拾残零水，并作檐间一滴声"的诗意描述。

藏书楼建筑一层采用的是"一顺一丁"式青砖墙，二楼以上采用白墙，体现粉墙黛瓦的书卷气，前脸墙体则按照虚室生白的思想设计成独立粉墙，如同在一张白纸上重新描绘文风鼎盛之吉水，恢复旧时吉水藏书楼的规模，寓意吉水将进入文峰鼎盛的新时代，展现吉水文人的气象。

吾邑先贤明朝状元彭教曾说："郡多秀民，邑井里巷，弦诵相闻，为弟子员者，率尝讲习于家庭，父兄师友，往往业成乃在兹，选、岁贡科之举，接武连袂，类能自奋"（陈宝良著《明代社会生活史》第三节"方"与明代社会生活），指出了吉水人的节义在于崇文尚学，重视教育。在吾邑诞生了欧阳修母亲"画荻教子"的重教典故，激励了一代代吉水学子。正因如此，吉水重教之风深耕民间，民间俗语"簸箕晒谷，教崽读书""山间茅屋书声琅，放下扁担考一场"等广为流传。

吉水崇文重教的风气使吉水在科举时代人才辈出，遂有"才子之乡""进士之乡""江南望郡"等美誉。庐陵民间流传"三千进士冠华夏，满朝文武半吉安"等诗词民谣。吉水作为庐陵文化的核心区，江西十大文化古县，更有"一门三进士、隔河两宰相、五里三状元、十里九布政"以及"一门四进士""一门五进士""一门七进士""一门同科九进士"的文化盛况。进士之多、科举之荣可见其盛。这种文化辉煌得益于旧时吉水藏书丰富，吉水的藏书楼绝不逊色于中国四大藏书楼。遗憾的是由于历史变迁，朝代更迭，加上吉水古城地势低洼，交通便利，历史上常遭洪灾、兵燹导致书籍被毁无余。

据清光绪朝《吉水县志》所载藏书楼藏书损毁情况：《先圣庙祝文》《洪武制礼》《洪武正韵》《御制大语三编》《诸司职掌》《孟子节文》《性理大全》《四书大全》《五经大全》《书传会选》《列女传》《大清律》《圣谕十六条谨译》等书籍，于清康熙五十二年毁于洪水；《钦定周易》折中二部共二函二十四本，《钦定书经传》三部共四函四十八本,《明史》一部一百一十二本,《二十一史》一部共五十函五百本,《十三经注疏》一部共十六函一百二本,《文武相见仪注》二部共二本,《钦定学政全书》二部共十六本,《赐名教罪人诗》一部两本,《钦定上训饬州县条规》二部共二本,《上谕训斥僧人》二部共二本,《上谕》二部共二本,《上谕八部》共八十本,《上谕二部》共四十八本,《御撰资治通鉴纲目》二编一部一函四本,《御批资治通鉴纲目》二部共十六函一百六十本,《钦定授时通考》一部二函二十二本,《钦定四书文》一部三函二十二本,《钦定性理精义》三部共三函一十三本,《钦定春秋传就实纂》三部共六函六十四本,《钦定诗经传就实纂》三部共六函五十六本,《学政全书》四部共四本,《各坛庙祭文》一本,《乐章》三部共三本,《上论训斥侵贪膳黄》一道,《江西经制赋役全书》一部共九十二本,《纲鉴正史约》一部二函一十六本,《大学衍义辑要衍义补辑要》各一部共一函八本,《孝经注解小学纂注近思录集解》各一部共一函九本,《四礼初稿四礼翼吕子节录养正遗规》各一部共一函八本,《豫章书院学约》一本,《训俗遗规》二部共四本,《从政遗规》二部共四本,《养正遗规》二部共四本,《教女遗规》二部共四本等,于洪杨之乱中毁于兵燹。

吉水藏书楼曾经的辉煌已一去不复还,此次吉水县委、县政府打造中国进士文化园时,要求恢复旧时藏书楼之规模,同时展陈科举藏书、古代科举文献、现代科举研究学术著作、当代考试著作、公务员考试著作、吉水籍现代乡贤专家学者等的藏书及著作。因此,藏书楼肩负着当代图书馆的功能,在空间布置上除以藏书之外,还设置了读书阅览室、会议接待室、多功能厅、讲堂及咖啡、茶舍等,以符合现代市民求知问学、寓乐于教的需求。

(三)香溪环山

"香溪环山"景点是由一条绕山流淌呈半环状态山涧小溪串起来的风光带。小溪绕着鳌山南麓至东麓,由东麓"泉涌吉水"景点下"攀蟾折桂桥"开始,至"问鱼桥",过"文昌桥"至西,经古码头流入赣江,其形如同即将腾飞的跃龙。《周易》乾卦九四爻"或跃在渊,无咎",寓意机会来临,施展才华,把握时机,大展身手。溪谷东北处有两座小

岛,岛上有秋闱桥曲折相连,西面岛屿有座四边亭,名为明经亭。

攀蟾折桂桥名取"折取月桂"之意,期盼读书学子科举登第。元朝李好古杂剧《沙门岛张生煮海》"休为那约雨期云龙氏女,送了个攀蟾折桂俊多才";清朝金松岑、曾朴创作的长篇小说《孽海花》第五回中"只要吴刚老爹修桂树的玉斧砍下一枝半枝,肯赐给我们老爷,我们老爷就可以中举,名叫攀蟾折桂"都提到攀蟾折桂的由来。"攀蟾折桂桥"是通往状元阁必经之路,也是去状元阁的消防通道。

问鱼桥取自《庄子·秋水》篇中庄子与惠子在濠梁上的一段对话:"庄子曰'儵鱼出游从容,是鱼之乐也。'惠子曰'子鱼,安知鱼之乐?'庄子曰'子非我,安知我不知鱼之乐?'子曰'我非子,固不知子矣;子固非鱼也,子之不知鱼之乐,全矣!'"庄子以鱼的从容之乐来表达自己追求身心自由,不受礼教约束的心志。此典故在古典园林中多有运用,在皇家园林北京颐和园内的有一处园中园名为"谐趣

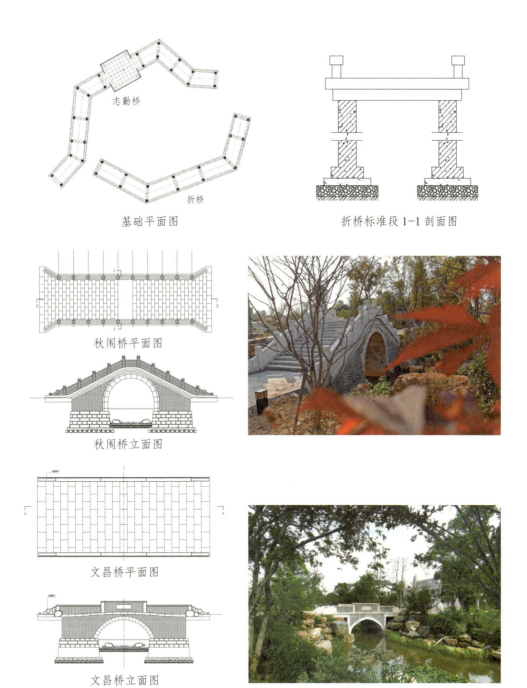

园",谐趣园中有座"知鱼桥";北京恭王府内湖心岛上有座亭,名为"观鱼台";其命名都是来源于"子非鱼"的典故。其他如北京北海公园的"濠濮间";承德避暑山庄的"濠濮间想""知鱼矶";无锡寄畅园中的"知鱼槛";苏州留园内的"濠濮亭";沧浪亭中的"濠上观",都与"子非鱼"典故相关。以知鱼槛为例,建筑为方形亭式水榭,三面环水,可观水中游鱼。园主诗云:"槛外秋水足,策策复堂堂;焉知我非鱼,此乐思蒙庄",直接点明了该建筑援引的典故。中国进士文化园内的"问鱼桥",命名也是独具匠心,体现了儒家思想下,礼教约束中的文人同样怀有清步逍遥,追踪庄惠的闲云野鹤之心。

秋闱桥之名取自科举中的"秋闱",即明清时期的"乡试",唐宋时称为"乡贡""解试",因在八月秋季举行得名。古代科举考试是常科定期的考试,无须官府预先通知,每年八月按期举行,若遇皇帝万寿节、登基庆典等国家大事，朝廷会临时安排加科考试，并提前通知，这类考试称为恩科。相关史料显示，每年八月初六，主副及负责批阅试卷的内帘官入闱，先举行马宴。宴毕，内帘官入后堂处所，监考官封闭大门，内外帘官不许来往，考试共三场，每场三日，每场均要提前一天入场，农历八月八日、十日、十四日进场，考完后迟一天出考场。秋闱考试科目主要是《四书》《五经》《策问》《八股文》，不同朝代的考试科目略有差异。登第的考生称为举人，又名孝廉，第一名称解元。秋闱考试中举又叫乙榜，俗称乙科，宋人强至有诗"只待秋闱排甲乙，稳携晓砚写文章"写了这场考试。

秋闱发榜时节正逢八月桂花开，又称为桂榜。发榜完毕后，由当地巡抚大人主持鹿鸣宴（在玉兰园章节已有介绍），宴席间唱《鹿鸣》诗，并跳魁星舞。秋闱考中者可参与春闱会试，会试中者下一步就是

殿试了。吴敬梓笔下的"范进中举"就是在秋闱考中的,江南四大才子之一唐伯虎也是在秋闱中喜获解元的,他的书画作品中常见有"南京解元"的印款。

明经亭取意通晓经术。"明经"也是汉武帝时选取官员的科目之一,撰写《史记》的司马迁、撰写《汉书》班固均为明经博士。《汉书·平当字》中"以明经为博士,公卿荐当论议通明,给事中"即为明证。至唐代,以经义取士选取的官员称为明经。《新唐书·选举志》载:"唐制,取士之科,多因隋旧,然其大要有三。由学馆者曰生徒,由州县者曰乡贡,皆升于有司而进退之。其科之目,有秀才,有明经,有俊士,有进士,有明法,有明字,有明算,有一史,有三史,有开元礼,有道举,有童子。而明经之别,有五经,有三经,有二经,有学究一经,有三礼,有三传,有史科。此岁举之常选也。其天子自诏

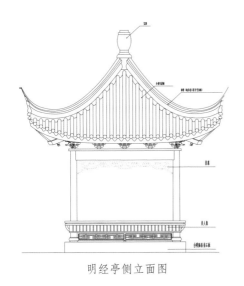
明经亭侧立面图

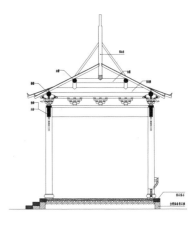
明经亭 1-1 剖面图

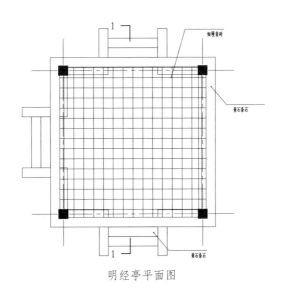
明经亭平面图

者曰制举，所以待非常之才焉。"由上述材料可知，唐朝科举制度有常科与制科之分，每年按期举行的为常科，由皇帝临时下诏举行的为制科。常科设秀才、明经、俊生、进士、明法、明字、明算，明经要求被举荐者需通晓经籍义理，此科后在宋神宗时被废除。发展到明清

时期,明经成为贡生的别称。史料称明朝时,庐陵地区有不少明经士子,《明史·列传》第五十二记载:"邹缉,字仲熙,吉水人。洪武中举明经,授星子教谕。建文时入为国子助教。成祖即位,擢翰林侍讲。立东宫,兼左中允,屡署国子监事。"第三十一又载:"周是修,名德,以字行,泰和人。洪武末,举明经,为霍邱训导。太祖问家居何为。"对曰:"教人子弟,教弟力田。"太祖喜,擢周府奉祀正。类似记载数量不少。

香溪环山景点由溪水环绕鳌山,道法自然,顺势而筑,借鳌山为屏障，地形起伏，稍加亭桥点缀，引吉水涌泉之水源，营造山水形胜。打造成"曲涧盘幽石，长松育碧萝。峰高看鸟渡，径僻少人过"的幽静之地。此景点既有溪流潺潺，清澈映月，也有青树翠蔓，桃红绿柳，苍松劲柏，旷朗清澈，环以林木，使观者体会到"蝉噪林欲静，鸟鸣山更幽"的意境。

（四）庐陵印象

"庐陵印象"景点位于进士园文化园北面，紧邻乌江南岸，为户外场景戏演出场所。结合乌江北岸的明代古城墙，组合为一处整体的旅游景点。乌江北岸的明代古城墙是在峡江水利枢纽建设之机，在吉水明代古城墙遗址上修缮而成。由于目前的工程建筑指标规范及水文要求，明代古城墙的恢复与赣江东河岸沿江路的修建合为一体，城内已经无法感受到古城墙的雄伟姿态，需在赣江与乌江交汇的河面才能体会古城墙的风貌。基于此，此次进士文化园的营建，便特意采用造园中的借景手法，将明古城墙借景于园区内，故而设置了一处观览古城墙的场所，做成步步看台及岸上演出广场，呈弧形结构的形式。

待将来条件成熟后，可以乌江北岸的明城墙为背景，借鉴国内外成功的场景演出案例，打造以深厚庐陵文化、历史人物、进士科举、人文民俗等元素为主题的场景剧。如著名的"印象·刘三姐""印象·丽江""最忆是杭州""大唐追梦""长恨歌"等水上场景演出。深

入挖掘庐陵地区民间传说及科举文化元素,十年寒窗、赴京赶考、高中榜首、状元省亲等,借助高科技手法以山水实景演出方式再现文章结义之邦的辉煌。通过动态演绎、实景再现,将庐陵文化的内涵和山水、古城墙等浓缩成一场场高水准的艺术盛宴。

此外,此景点也是休闲观景的好去处,尤其是夕阳西下时,云蒸霞蔚照射在明城墙上,落日熔金,绿水藏春,晨雾缥缈,紫阁生辉,落日余晖,晚霞满江;也可在此感受夕吹撩寒馥,晨曦透暖光;秋水明落日,流光灭远山之意境。

(五)泉涌吉水

泉涌吉水景点位于状元阁东侧,鳌山东麓半山处。依据吉水先贤解缙《观澜轩图记》而营造。《图记》中描述:"天下之美观未有过于水者。江河之浸，溪涧之流，方其安行而无龃龉也，滔滔涌涌，贴然而莫测其际，恬然而莫知其所至，寂然而莫其闻鸣声。春秋多佳日，山水有清音。"据此景点可登高观乌江，也可低处寻幽。此处岩石林立，苍松翠柏，林籁泉韵，水流吉祥，迎着溪流顺廊而上，溪流时而宽，时而窄，时而缓，时而急。溪声也变幻奇妙，时时换调，有时如虎啸狮吼，有时如秋雨潇潇，步入其中，犹如探寻心灵中的幽谷。《论语·雍也篇》云："知者乐水，仁者乐山；知者动，仁者静；知者乐，仁者寿。"知者，智也。知者如水一样阅尽人间事物，淡泊超然，通达事理，性情敏捷，缘理而行。如知礼者，蹈深不疑，似有勇者，品物以正；仁者像山，山是草木生长、鸟兽繁殖之地。矗立岿然，稳重不迁，出云气以通乎天地之间，万物以成，仁厚宽容，安于义理。

水是无私的，润泽万物而不争，朴实无华，与世无争，尽善尽美，有圣人之境界，如老子《道德经·第八章》所云："上善若水。水善利万物而不争，处众人之所恶，故几于道。居善地，心善渊，与善

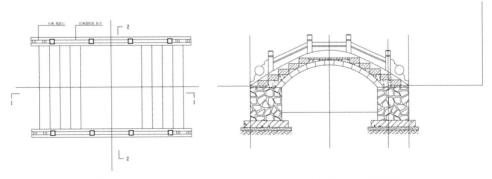

听泉桥平面图　　听泉桥 1-1 剖面图

仁，言善信，政善治，事善能，动善时。夫唯不争，故无尤。"此景点采用吉水本地山皮石顺应山势叠山理水，围合成一处别有洞天的沟壑泉潭，名为龙泉潭。潭中气决泉达、盈科后进、清澈透明、泉流不息。龙泉潭水高低顺势，至上而下。潭池下的溪谷上有一座桥，名为"听泉桥"，在桥上静立可感受洞天福地之境，空谷回声，石壁流淙，溪水淙淙而语，高差跌落，涓涓细流，潺潺湲湲顺山而行，水声高低扬抑之声如同天籁之音，又如琴韵，让人流连忘返，仿佛步入壶中天地，足以极视听之娱。泉潭周围植物茂盛，枫树成林，有高山临溪谷之感。当年孔子《论语·子罕》中观水流叹曰："逝者如斯夫！不舍昼夜。"感叹时光流逝如同水流，一去不返，如世事变化，白云苍狗。1956年6月毛泽东在武汉长江游泳时也感叹道："胜似闲庭信步，今日得宽馀。子在川上曰：逝者如斯夫！"这些离不开水带来的智慧。

（六）鼎元天下

"鼎元天下"景点即状元阁。古时科举考试中，殿试第一名者为状元。据《明史·志·第四十六·选举二》记载："三年大比，以诸生试之直省，曰乡试。中式者为举人。次年，以举人试之京师，曰会试。中式者，天子亲策于廷，曰廷试，亦曰殿试，分一、二、三甲以为名第之次。一甲止三人，曰状元、榜眼、探花，赐进士及第。二甲若干人，赐进士出身。三甲若干人，赐同进士出身。状元、榜眼、探花之名，制所定也。而士大夫又通

状元阁①-⑥组合立面图

以乡试第一为解元，会试第一为会元，二、三甲第一为传胪云。子、午、卯、酉年乡试，辰、戌、丑、未年会试。乡试以八月，会试以二月，皆初九日为第一场，又三日为第二场，又三日为第三场。初设科举时，初场试经义二道，《四书》义一道；二场论一道；三场策一道。中式后十日，复以骑、射、书、算、律五事试之。后颁科举定式，初场试《四书》义三道，经义四道。《四书》主朱子《集注》，《易》主程《传》、朱子《本义》，《书》主蔡氏传及古注疏，《诗》主朱子《集传》，《春秋》主左氏、公羊、谷梁三传及胡安国、张洽传，《礼记》主古注疏。永乐间，颁《四书五经大全》，废注疏不用。其后，《春秋》亦不用张洽传，礼记止用陈澔《集说》。二场试论一道，判五道，诏、诰、表、内科一道。三场试经史时务策五道。"《明史》详细记载了状元诞辰之路，以及考试科目和考试内容，当代学子如穿越至明朝，不知可以开过几场？可见中状元之难。

状元阁坐落在鳌山山顶，是一座三层四重檐结构形式的仿古建筑，占据进士文化园内最高点和观览全园景色的最佳位置。据此可眺望进士文化园全景，也可览胜赣江，俯瞰吉水老城，远望文峰山。

状元阁采用三层四重檐的结构样式与中国古代哲学思维有着密切关系，《礼记·效特性》云："阴阳和而万物得"，为了阴阳和合，古时亭台楼阁有阴阳之分。楼为阴，楼层为奇数，如一、三、五层为楼，如著名的三层岳阳楼、五层黄鹤楼；阁为阳，故楼层通常为偶数，如二层、四层，古时因忌讳"四"与"死"的谐音，因而改称三层四重檐，在第四层不具体做楼层，而是做成重檐形以达阴阳和合，如著名的南昌滕王阁、北京颐和园内佛香阁均为三层四重檐。

阁和楼在外形结构上有较大区别，阁在二、三层有回廊的基础上，即在承重的结构上再往外飘出，增大回廊并增加栏杆，阁外设置飘窗阳台来增加明堂，为敞开性，明快性，故而为阳，如著名的颐和园佛香阁。或二层没有回廊的可做飘台，并增加防护栏杆，如滕王阁。

楼则只有一层做回廊，二层以上通常不做回廊，也有少量做回廊

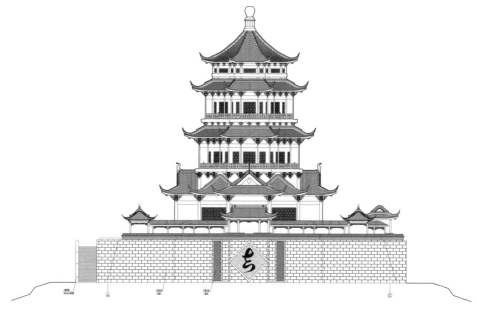

状元阁Ⓐ－Ⓖ组合立面图

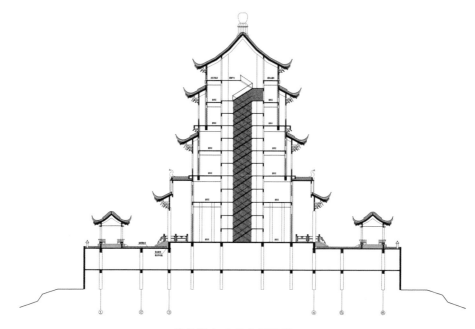

状元阁 1-1 组合剖面图

的楼，如新建的黄鹤楼、天安门城楼；也有一二层做回廊，三层不做回廊的楼，如岳阳楼、吉安白鹭洲书院的风月楼；还有无回廊的楼体，如吉安宋代钟鼓楼、昆明清代康熙朝大观楼，楼体结构不在结构承重之外增加平台。通俗来说，类似现在的楼房，有飘窗的或者阳台悬空飘出的为阁，没有飘窗阳台的为楼，还有各自组合的阁楼形式，在此就不一一详述，如需详细了解阁楼的结构及哲学思想，可以查阅本人另一本著作《中国古典园林哲学》。随着时代发展，阁楼样式、名称逐渐混淆。

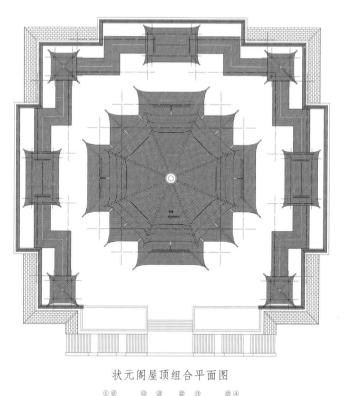

状元阁屋顶组合平面图

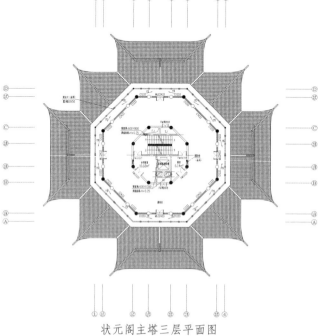

状元阁主塔三层平面图

古时有出阁之说，即走出楼房，到阳台上来称为出阁，故出阁在古时也代表官员出任官职，由此衍生出"入阁为相、出阁为官"等谚语。《梁书·江蒨传》云："初，王泰出阁，高祖谓勉云'江蒨资历，应居选部'"，就是关于出阁的相关史料。由于阁与官职的关系，此后文人雅士喜欢建楼称阁，以彰显赫。《宋史·志·宾礼》载："'奉诏重修定阁门仪制，内文德殿殿入阁仪，按今文德殿，唐宣政殿也；紫宸殿，唐紫宸殿也。然祖宗视朝，皆尝御文德入阁。唐制，常设仗卫于宣政殿，或遇上坐紫宸，即唤仗入阁。如此，则当御紫宸殿入阁，方合旧典。'翰林学士王珪等议'按入阁者，乃唐旧日紫宸殿受常朝之仪也。唐紫宸与今同，宣政殿即今文德殿。唐制，天子坐朝，必立仗于正衙。若止御紫宸，即唤正衙仗自宣政殿东西阁门入，故为入阁。'"这是对入阁较为详细的说明。

　　明朝时期，江西入阁为相者极多，同朝最多的一次有五个，其中四个是吉安人，分别为吉水解缙、吉水胡广、新干金幼孜、泰和杨士奇。据《明史·列传》八十四载："明年五月至京，命以故官兼武英殿大学士入阁辅政""成祖入京师，擢侍读。命解缙与黄淮、杨士奇、胡广、金幼孜、杨荣、胡俨并直文渊阁，预机务。内阁预机务自此始。"入阁者实行丞相之职务，这在《明史·列传》三十五中也有记载："成祖始命儒臣直文渊阁，预机务。沿及仁、宣，而阁权日重，实行丞相事。解缙以下五人，则词林之最初入阁者也。"

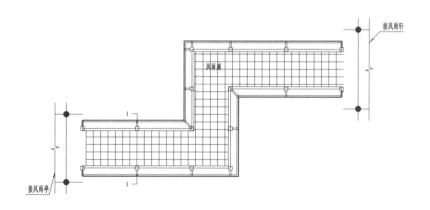

风雨廊平面图

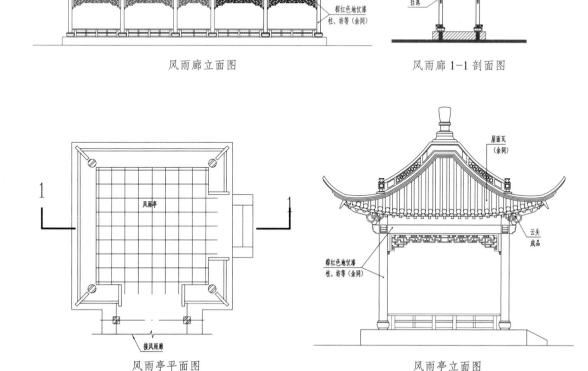

风雨廊立面图　　　　　　风雨廊 1-1 剖面图

风雨亭平面图　　　　　　风雨亭立面图

第六章 十八景色 进士天地

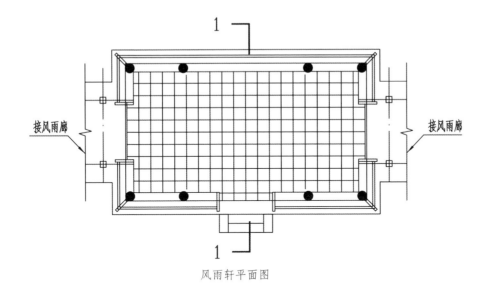

风雨轩平面图

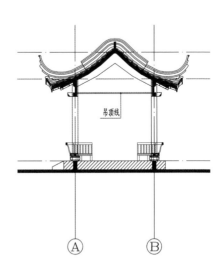

风雨轩①-④立面图　　　　　风雨轩1-1剖面图

因以上诸多因素，状元阁采用"阁"的建筑样式，其内设七层，主体核心筒为钢筋混凝土结构，外围采用木结构。建筑主体为台式结构组合，分为阁楼建筑和台基两部分，屹立在鳌山之巅，台基高九米，阁楼高四十五米。四十五米的数字隐含了《易经》恒卦卦象，寓意君子应该坚守此道，持之以恒。"恒，久也。刚上而柔下。雷风相与，巽而动，刚柔皆应。恒亨无咎利贞，久于其道也。天地之道恒久而不已也。利有攸往，终则有始也。日月得天而能久照，四时变化而能久成。圣人久于其道而天下化成。观其所恒，而天地万物之情可见矣"。阁楼加上平台基座为五十四米，五四卦象为益卦，《易经》载："《彖》曰'益'，损上益下，民说无疆。自上下下，其道大光。利有攸往，中正有庆。利涉大川，木道乃行。益动而巽，日进无疆。天施地生，其益无方。凡益之道，与时偕行。《象》曰：风雷，益。君子以见善则迁，有过则改。初九，利用为大作，元吉，无咎。"益卦就是运转瑞气福照，枯木逢春枝繁叶茂。

四十五和五十四隐含了乾卦，即五加四为九，九为最大的阳数，故而为乾，乾卦代表天，蕴含了君子自强不息的精神。《易经》云："《彖》曰：大哉干元，万物资始，乃统天。云行雨施，品物流形。大明终始，六位时成。时乘六龙以御天。干道变化，各正性命。保合大和，乃利贞。首出庶物，万国咸宁。《象》曰：天行健，君子以自强不息。潜龙勿用，阳在下也。见龙在田，德施普也。终日干干，反复道也。或跃

第六章 十八景色 进士天地 137

在渊,进无咎也。飞龙在天,大人造也。亢龙有悔,盈不可久也。用九,天德不可为首也。"《近思录》云:"干,天也。天者,干之形体;干者,天之性情。干,健也,健而无息之谓干",体现了十年寒窗的学子,殿试及第、高中状元、一步登天的祥瑞之气,可谓是十年寒窗无人问,一举成名天下知。

状元阁一层底座采用四方回廊殿式结构,四面入口皆为抱厦形式,二、三楼为八面近圆形结构,坐落在四方平台上,上圆则寓意天,下方则寓意地,象征着天圆地方之意。《孟子·离娄章句上》云:"不以规矩,不能成方圆。"《春秋繁露》提及方圆论:"春秋之道,奉天而法古。是故虽有巧手,弗修规矩,不能正方圆。"以此建筑结构代表了状元及第后的士子，做官、做事要圆满，懂得中庸之道；同时也体现为政者功成身退，荣归故里。四面为方，则强调做一个方正之士，不阿谀奉承，公正率真，坚持正道，是做人的基本法则。

《荀子》云："国无礼则不正。礼之所以正国也，譬之：犹衡之于轻重也，犹绳墨之于曲直也，犹规矩之于方圆也，既错之而人莫之能诬也。"《荀子·王霸》云："'如霜雪之将将，如日月之光明，为之则存，不为则亡。'此之谓也。"《世说新语·方正第五》载："除此以外，刚直不阿，不信鬼神，当仁不让，义不受辱，不肯屈身事人，不受吹捧，也不吹捧别人。"上述文献均强调方正是一种做人品格，一种道德情操。

此外状元阁的建筑形式"底座方形，楼体八面近圆形的结构"还隐含了中国风水哲学观。此景点为赣江与乌江交汇处，也是乌江入赣江的入江口。赣江从南往北在吉水县城形成一处自然弯道，加上从南流过来的赣江之水在此形成巨大冲击力，即风水学所说的煞气。按照风水理论，乌江从东往西，在流入赣江的入江口产生推力，消耗了赣江之水的煞气，使吉水区域成为瑞气祥和的风水宝地，这也是古代吉水文峰鼎盛、人才辈出的原因所在。

《葬经》云："谓避去死气，以求生气也。有刑有德，裁剪得法，则为生气，一失其道，则为死气，故不得不审而避之……砂水之间，反坑斜飞，直撞刺射，皆为形煞。"又云："山之气运，随水而行，凡遇吉凶形势，若远着近，无不随感而应。然水之行也，不欲斜飞直控，反背无情，要得众砂节节拦截之玄，屈曲有情，而成不绝之运化也。"随着时代变迁，社会繁荣，原本规模小、楼体不高的吉水县城发生了翻天覆地的变化，尤其是改革开放后高楼林立，形成山体之状，致破煞之浊气无法散去。

《葬经》云："来山凝结，其气积而不散"，葛洪《抱朴子·至理》云："接煞气则雕瘁于凝霜，值阳和则郁蔼而条秀"，强调了调理气的重要性。古时城市、村庄、居所都离不开气，气，生命也。人如同宇宙，得气而生。"气存则有场，气流则有煞"，为此人们采用各种方式化解煞气，如建阁楼，挖泮池，筑影壁，叠山石，从而获得祥和之气。正如《史记·乐书》云："天尊地卑，君臣定矣。高卑已陈，贵贱位矣。动静有常，小大殊矣。方以类聚，物以群分，则性命不同矣。在天成象，在地成形，如此则礼者天地之别也。地气上齐，天气下降，阴阳相摩，天地相荡，鼓之以雷霆，奋之以风雨，动之以四时，暖之以日月，而百化兴焉，如此则乐者天地之和也。"天地万物之生皆因阴

阳合和也，冲者阳也，圆者可化也，化者散也，散者虚也，虚则阴也。在两江交汇的鳌山上屹立雄伟的状元阁，采取圆形的建筑体可冲煞，将浊气化成清气；八面圆形建筑结构，加之阁的虚边，促使了以柔克刚、化强示弱之势，削弱从南面流过来的赣江水之冲煞，加强乌江水的推力，使天地相和，顺其天道秩序，化凶为吉，从而改善本区域的风水格局，使气流形成和谐的小气候，平和安详。

在状元阁台基北墙上，雕刻着解缙书写的"吉"字，吉字为阳刻形式，字体描红，两侧列有阳刻对联，从对岸明城墙上遥望，字体硕大，可以让游客远观，也可登台抚摸，沾溉吉祥之气。古时，传统建筑非常注重阴阳哲学思想，字体阳刻用于人居建筑，为阳间所用，如状元阁基座的"吉"字；字体阴刻用于去世之人所用的建筑体形，为阴间所用，如牌坊、纪念碑、墓碑等，进士园中的状元牌坊即为阴刻楹联和牌匾。

在两江交汇之处，将状元阁筑基于此，结合原有的地形地貌，恰好是隐含了一条鲤鱼之形状，活灵活现，栩栩如生，或顺江而行，或跳跃吉水老城门之态。此场景的营造是无形而成，未曾思索，实为巧合而顺了天意罢了。

鳌山林木茂密、植被丰富，置身其中可见枫影婆娑，绿草如茵，群鸟绕阁盘旋，恬美如画，状元阁好像浮于一片翠绿浓荫的林海之上，在对岸的明古城墙隔江观望，衬山光阁影，水色苍茫，顿觉美妙至极。登鳌山，入阁楼，此处也是学子们的信仰之地，适合考生们讨个好兆头，参悟状元之精神转化心想事成，高中榜首，在此可许愿挂牌，以求圆梦。

（七）远浦归帆

"远浦归帆"景点为"八股轩"和"石舫"结合的临江园林空间，此舫称为"八面舫"，有八面来风，兴风破浪之意。该景点位于进士文化园内西北角，处在赣江和乌江的交汇处，乌江江口南岸，呈船型，三面环水，因特殊的地形地貌条件，此景点设计为船头形状的船坊，鸟瞰此处如同鲤鱼嘴。舫体的最初设计为石头结构，因"专家"建议擅自改为木头结构，说船都是木头材料，故而。中国古典造园中的石舫均以石块砌成，是借船之体，写意成一处休憩的空间，而不是打造成一条真正的船。"舫"又称石船，旱船，是筑在水边用于休憩观景的仿船型建筑，站立于此感受逆水行舟、风雨同舟的寓意希求之感。

在古典园林中有诸多石舫，最著名的有颐和园的"清晏舫"，苏州拙政园中的"香洲"，苏州同里镇的退思园中"闹红一舸"，苏州狮子林中的"不系舟"，在诸多古典园林中还有很多石舫，在此不做介绍。"八面舫"船体上有轩，名为"八股轩"。从乌江对岸的明城墙眺望，形如斗志昂扬、破浪前进、扬帆起航的帆船，正如读书士子，怀着"十年寒窗赴京都，金榜题名报家乡"的理想欲乘船赴考，立此望远，恍然有种大鹏展翅，梦想成真的感觉。清代乾隆《石舫二首》载："石舫虽然艰动转,却如砥柱峙中流"，石舫也是祈福之处，有乘风破浪，一帆风顺，一往无前，心想事成之意，唐代孟郊的《送崔爽

之湖南》有:"定知一日帆,使得千里风",是赶考和出门经商者最佳许愿景点,也是爱情见证场所,在此可以挂许愿牌,或在铁链上挂同心锁。

"八股轩"得名于明清科举考试的一种文体,八股文又称时文、制义及八比文。《明史·志·第四十六·选举二》记载:"科目者,沿唐、宋之旧,而稍变其试士之法,专取四子书及《易》《书》《诗》《春秋》《礼记》五经命题试士。盖太祖与刘基所定。其文略仿宋经义,然代古人语气为之,体用排偶,谓之八股,通谓之制义",对明代八股文的情况有相关介绍。清朝八股文的详细介绍见于《清史稿·选举三·文科武科》:"有清科目取士,承明制用八股文。取四子书及易、书、诗、春秋、礼记五经命题,谓之制义。"因此,在远浦归帆景点上设置八股

轩意思是告诉观者，古代读书学子得熟悉八股文章方可取士，体现当时读书人的艰辛不易。清代重臣曾国藩《曾文正公文集》卷二对八股文有过议论："自制科以《四书》文取士，强天下不齐之人，一切就琐言之绳尺，其道固已隘矣，近时有司，又无所谓绳，无所谓尺，若闭目以探庾中之黄，大小惟其所值，士之蓄德而不苟于文者，又焉往而不见黜哉？"

"八面舫"载着古代吉水学子儒家学而优则仕的经世理念，载着父母妻儿的希望和寄托，载着光宗耀祖的责任和梦想，扬帆起航、顺水而下，"乘风破浪会有时，直挂云帆济沧海"（唐李白《行路难·其一》）。

（八）大成至圣

"大成至圣"景点即文庙，位于鳌山南麓，东邻高步"云衢长廊"，西邻"玉兰园"，东北面为"樱花园"，南面为"香樟林"。文庙的建筑结构形式借鉴了庐陵地区安福文庙及青原山净居寺的建筑风格。它以棂星门、仪门、大成门、大成殿组合而成前院后殿三进四合院，主要供奉孔子、四圣、十二贤，并展示孔庙文化，提供学子参拜祭祀及学习等活动。

文庙又称为孔庙、先师庙、先圣庙、夫子庙、文宣王庙，是供奉中国古代伟大的教育家、儒家创始人孔子的祭祀场所，为历代帝王所重视。封建时代，全国各地官府几乎都有文庙，有些书院内也设文庙场所，或供奉孔子的大成殿。据不完全统计，从鲁哀公十七年（公元前478年）孔子去世后第二年建第一座孔庙，至新中国成立前全国共有一千五百六十多座孔庙，至今仍保留有上百座。《史记·卷四十七·孔子世家第十七》载："故所居堂、弟子内，后世因庙，藏孔子衣冠琴车书，至于汉二百馀年不绝"，指明了孔庙的起源。孔庙是儒家思想的重要载体和象征，自汉武帝"罢黜百家，独尊儒术"至今，儒家思想虽屡经波折，但总体上是不断发展巩固，并成为中国传统

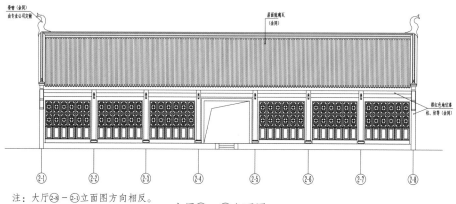

注：大厅2-8 — 2-1立面图方向相反。　　大厅2-1 — 2-8立面图

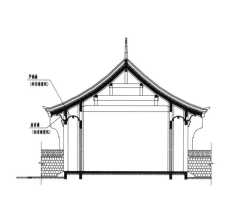

大厅 6-6、10-10 剖面图

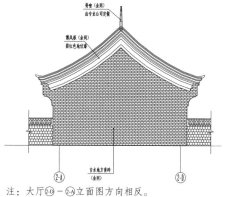

注：大厅2-D — 2-A立面图方向相反。　　大厅2-A — 2-D立面图

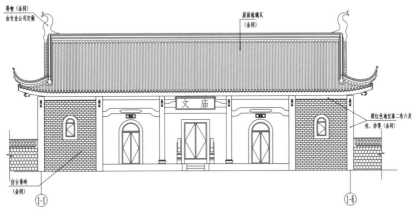

注：前厅1-6－1-1立面图方向相反。

大成门前厅1-1－1-6立面图

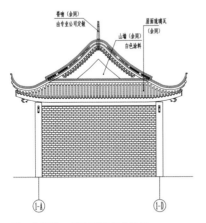

注：前厅1-D－1-A立面图方向相反。

大成门前厅1-A－1-D立面图

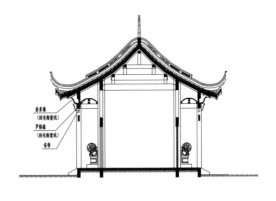

大成门前厅 1-1、2-2 剖面图

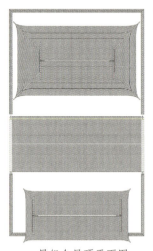

一层组合屋顶平面图

文化的主流。随着中国文化的输出，儒家文化在海外传播广泛，今天日本、韩国、朝鲜、越南、新加坡、马来西亚、印度尼西亚、美国等有孔庙五百多座。

古代文庙经千年发展，逐渐分为家庙、国庙、学庙三类。家庙为孔子后人祭祀孔子及祭祀孔家祖先的道场，山东曲阜孔庙、浙江省衢州孔庙、浙江省金华榉溪孔庙均属此类。曲阜孔庙为我国最早祭祀孔子的家庙，也是第一座孔子家庙；衢州孔氏家庙、榉溪孔氏家庙是因北宋末期"靖康之乱"后，南渡的孔子后人分别在衢州和榉溪建立的孔氏家庙。国庙是古代帝王、地方官府官员祭祀的孔庙，中国有曲阜孔庙和北京孔庙两处国庙。

曲阜孔庙原为家庙，后来发展成皇帝及地方官员祭祀孔子的场所，

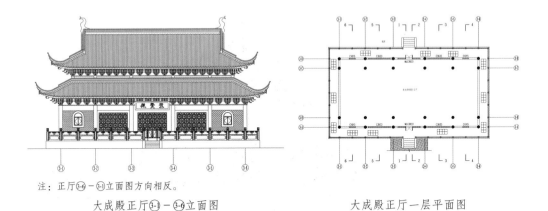

注：正厅③-⑥ - ③-①立面图方向相反。

大成殿正厅③-①- ③-⑥立面图

大成殿正厅一层平面图

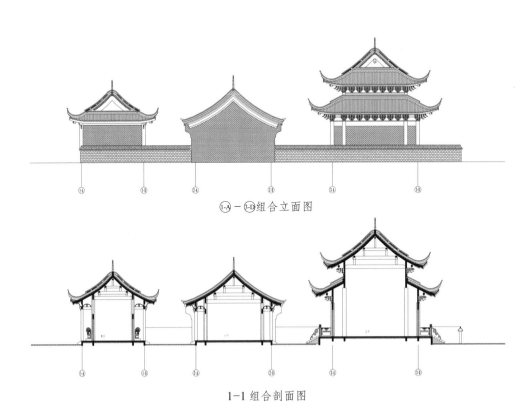

①-A - ③-D 组合立面图

1-1 组合剖面图

历代统治者会派驻衍圣公管理曲阜孔庙，曲阜孔庙逐渐成为一座兼具国庙和家庙性质的国家级礼制性庙宇。《宋史》记载："丙子，封孔子后为衍圣公。"北京孔庙始建于元朝，也是明、清时期帝王祭孔庙宇。《元史·列传第三十七》载："今孔庙既成，宜建国学于其侧"，是今天唯一保存完好的等级最高、规模最大的国家级祭祀性孔庙。学庙是建立在学馆、书院、学宫里祭孔的场所，全国各地大部分孔庙均属这一类型，如安福文庙、苏州文庙、承德文庙、兴城文庙、吉水文庙，平遥文庙等，这得益于古代庙学合一制度的推行。

古时文庙的建设通常采用院落形式，布局严格遵循礼制，通常由万仞宫墙、棂星门、泮池、大成门、大成殿、两庑、崇圣祠、明伦堂、奎文阁等组成。因财政实力、人文民俗不同，各时期、各地方文庙有所不同，但结构变化不大。

中国进士文化园内文庙严格按照儒家礼制布局，考虑是文旅项目，不做繁多的建筑组合，只以棂星门、仪门、大成门、大成殿组合成两进小院落形式。《史记·卷二十三·礼书第一》载："故礼，上事天，下事地，尊先祖而隆君师，是礼之三本也。"文庙建筑一般会隐含诸多儒学内涵及意义，如棂星门，通常为木座或石座材料的牌楼形式，早期棂星门为牌坊形式，四柱穿梁，象征着天将守卫的参天立地之天门，后来有些文庙前的棂星门演变为牌楼形式。

棂星又名灵星、天田星，《后汉书》载："有言周兴而邑立后稷之祀，于是高帝令天下立灵星祠。一言祠后稷而谓之灵星者，以后稷又配食星也。旧说，星谓天田星也。一曰，龙左角为天田官，主谷。"相传棂星门是通往天庭之门，用于皇家祭祀天地日月，皇帝祭天要先祭棂星。《宋史》载："南郊坛制。梁及后唐郊坛皆在洛阳。宋初始作坛于东都南熏门外，四成、十二陛、三壝。设燎坛于内坛之外丙地，高一丈二尺。设皇帝更衣大次于东壝东门之内道北，南向。仁宗天圣六年，始筑外壝，周以短垣，置灵星门。"此后皇家祭祀天地日月之所，逐渐演化至庙宇道场设棂星门祭祀孔子以视同尊天、祭天，故文庙都有棂星门。

古传"棂星"为天上之文星，以此称"棂星"象征着孔子为天上星宿下凡而施行教化、广育英才，祭孔如同尊天，隐含了天下文人士子跨过此门，即为儒学的门下，又称"取其疏通之意，以纳天下士"。没有文庙的书院不得配棂星门，其他人庙宇祠堂更不得配棂星门。棂星门按规格有三、五、七、九开间门，曲阜孔庙为三间四柱，四川德阳文庙的棂星门为三组五开间石牌坊，苏州文庙的棂星门为七开间石牌坊，四川省自贡市富顺县文庙的棂星门堪称世界之最，为三组九开间石坊组成，极为罕见。

关于棂星门名称来源，袁枚在《随园随笔》中有详细记载。"后人以汉灵星祈年与孔庙无涉，又见门形为窗灵，遂改为棂"。棂星门原与祭孔无关，棂星门用于文庙大概在宋朝时期出现，《辞源》云："宋仁宗天圣六年，筑郊台外垣，置棂星门，其移用于孔庙，始于宋《景定建康志》《金陵新志》所记，本以尊天者尊孔。"在元朝文献也有记载，元陶安《孔庙赋》有："启棂星于黄道，栖列宿于朱阁。"至明朝广筑文庙前，明洪武十五年才在文庙设立棂星门，因棂星是天上文星，因此提高孔子的地位如同祀孔如祀天。《明史》载："十五年，新建太学成。庙在学东，中大成殿，左右两庑，前大成门，门左右列戟二十四。门外东为牺牲厨，西为祭器库，又前为灵星门。"

进士文化园的棂星门按照庐陵建筑特点，参照吉安县大栗村王氏祠堂、罗氏祠堂的牌楼门及吉水县尚贤乡桥头村祠堂仪门的样式，演化成三开间进深两间的牌楼样式。大成门又称仪门、戟门，是通往大成殿区域的正门，通常是文庙的第二道大门。"大成"是孟子对孔子的评价，即"孔子之谓集大成。集大成也者，金声而玉振之也。金声也者，始条理也；玉振也者，终条理也。始条理者，智之事也；终条理

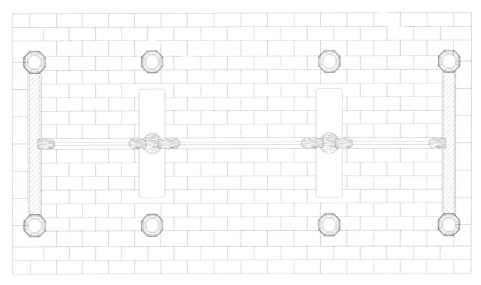

棂星门平面图

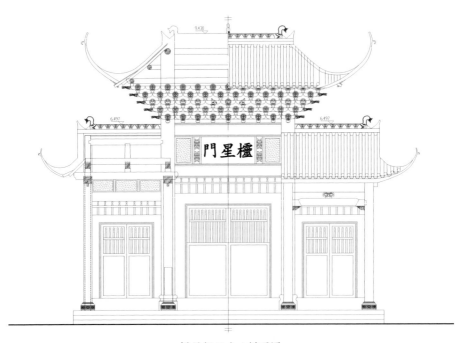

棂星门正立/剖面图

者，圣之事也"（《孟子·万章章句下》）。在这段史料中，孟子赞颂孔子为集古圣先贤之大成者，具有至高无上之境界，故供奉孔子的正殿称为大成殿，是文庙的主体建筑，其规格据地方情况而定，有三、五、七开间，内除供奉孔子外，还有四配和十二哲，四配分别为复圣颜回、宗圣曾参、述圣孔伋、亚圣孟轲；十二哲分别列位东西各六人，坐东向西为闵损、冉雍、端木赐、仲由、卜商、有若，坐西向东为冉耕、宰予、冉求、言偃、颛孙师、朱熹。

根据道光《吉水县志》记载，吉水的学宫是宋仁宗天圣四年（1026年）在旧文庙基础上改建而成，旧文庙规模宏大，毁于兵燹。这次新建吉水文旅项目，根据旅游需求，参照文庙及学宫古时格局，在进士文化园复建部分文庙，用于游客瞻仰孔子场所，也是学子祈福的地方。

古代吉水官学,位置在吉水县衙西北位(今吉水滨江花园小区一带),后历朝均不断增修。元始祖至元二十三年(1286年),吉水学官得到大规模重建。按照古代礼制,凡办学"必祭奠先圣先师",因而在学馆或者书院营造文庙,供学子祭拜。这种学馆与文庙结合的形式从唐朝开始,至宋全国推广,吉水学官就是学馆与文庙合一的样本。

根据《吉水县志》的学宫图描绘,学官大门上方悬挂着"儒学"匾额,正南面场地宽阔,有两座牌坊,牌坊上方分别悬挂"礼门""义路"匾额。进入学官后,即为文庙,其主殿为大成殿,殿内供奉"至圣先师孔夫子"牌位,两旁附祀孔子学生颜回、子路、孟子和曾子等人。文庙后面两侧建有四栋学舍,冠名为"尚德""明德""成德""据德",学舍均有两个通道进出,门牌上分别悬挂"棂星门""戟门"匾额。在文庙和学舍后面有泮池、魁星楼、宸魁阁、尊经阁、明伦堂、振文堂、愿学堂等建筑,还有纪念理学名臣邹元标的如愿学堂,学官内还建有名宦祠和乡贤祠，名宦祠是专门祭祀历代任职吉水且有突出贡献的官员，乡贤祠是专门祭祀历代对儒学和吉水有重大贡献的吉水籍乡贤，两祠内供奉着欧阳修、杨万里、杨邦乂、胡梦昱、文天祥、解缙、罗洪先、邹元标、李邦华等乡贤以及徐学聚、施闰章等有惠政的官员牌位。虽然吉水学宫在历史中不幸消失，借此次营造文庙景点之机，按照部分学宫样式在中国进士文化园内部分重建。

（九）高步云衢

"高步云衢"指官居显位或科举登第。以此命名的景点位于"文庙"东侧，采用盘山廊形式，全长三百三十米，廊内有彩绘，图案以状元、进士及庐陵地区民俗文化为题材，建筑富有庐陵特色。从"棂星门"东侧为起点，婉转迂回，穿插亭台轩榭，幽峭深邃，顺溪而上，至泉涌吉水，绕龙潭，有一座"大魁天下"六边重檐亭，盘山廊顺势而筑如同一条即将腾飞的巨龙。《周易》乾卦九五爻"飞龙在天，利见大人"，寓意学子光芒显露，得大人物发现而器重提拔，此时飞龙在天，鹏程万里。爬山廊形如飞龙，与香溪环山中的跃龙，形成二龙戏珠之势，珠者，状元阁也。溪水之龙如鱼跃化龙，鲤鱼跳龙门之意，爬山廊如一介草民，通过自己十年寒窗，攀登高峰，飞跃人生。两处的设计供游客临近攀爬，登高亲水，喜沾祥瑞。

"大魁天下亭"如仰首的龙头，眺望文峰山，这是一处寻幽问山、观涛听泉的佳景，也是攀登人生之境。游览在这景点中，可以坐在"一介轩"观鱼，以观鱼之心体会鱼之乐，和自我的人生求索；也可以坐在"至公轩"，感受落日余晖，树暮蝉鸣的意境；或坐在"登第轩"，听风问泉；或坐于大魁天下亭，登高望远，望文峰山之秀丽，看明城墙之古朴，观乌江烟波浩渺，感受钓徒喜悦。

爬山廊就是一条改变命运的入仕大道，寒门学子经历十年寒窗，一朝及第，好似鱼化为龙，换了人间，可谓是"朝为田舍郎，暮登天子堂"人生奇遇。但是科举竞争激烈，考试程序严密，是件辛苦的事

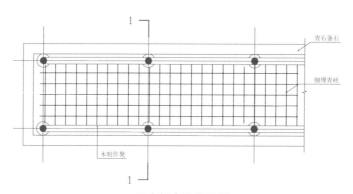

长廊标准段平面图

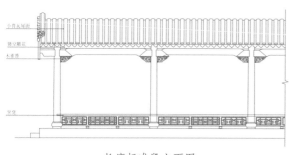

长廊标准段立面图

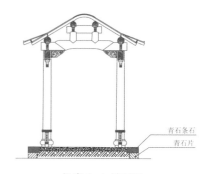

长廊 1-1 剖面图

第六章 十八景色 进士天地 159

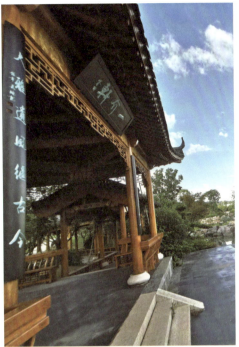

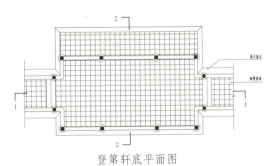

登第轩底平面图

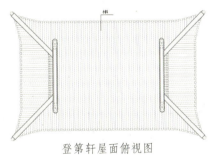

登第轩屋面俯视图

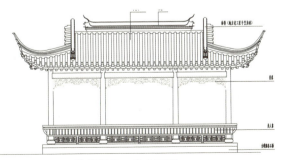

登第轩正、背立面图

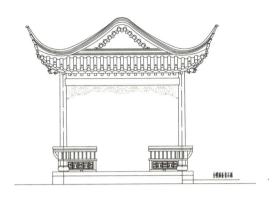
登第轩侧立面图

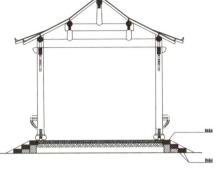
登第轩 1-1 剖面图

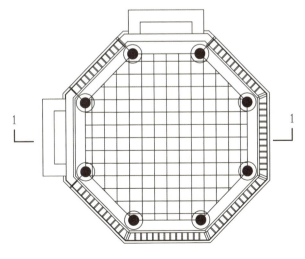
大魁天下亭平面图

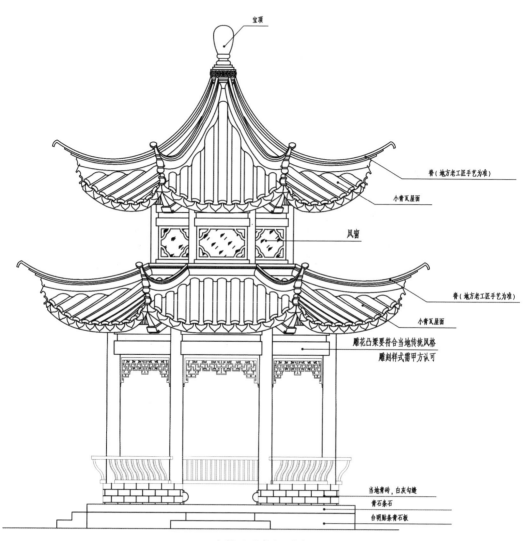

大魁天下亭立面图

情，吾邑先贤欧阳修《礼部贡院阅进士就试》诗中描述："紫殿焚香暖吹轻，广庭春晓席群英。无哗战士衔枚勇，下笔春蚕食叶声"，就是其真实写照。

从棂星门东侧开始，穿廊信步，首先见到的是"一介轩"，得名一介农夫，一介草民之意，反映了庐陵的耕读文化。农耕学子通过自身努力，发愤图强，勤奋好学，攀登人生巅峰。再往前是"至公轩"，轩名凸显古代科举考试公平的原则，许多学子认为科举考试是一种"至公"制度，给学子们公平的学而优则仕的途径，如吾邑先贤欧阳修所言"无情如造化至公若权衡"。至公轩往前就是"登第轩"，登第轩取自科举考试录取列榜的甲乙次第，登第又称登科。《新唐书·志第三十四·选举志上》载："通四经业成，上于尚书，吏部试之，登第者加一阶放选。其不第则习业如初，三岁而又试，三试而不中第，从常

调。"进士出身者将荣耀门第，平步青云，翻转命运，"一登龙门，则声誉十倍""还家虽解喜，登第未知荣"《赠刘神童（六岁及第）》，之后入胜龙潭，林泉高致，登"大魁天下亭"，体会登峰造极之感，大魁天下即殿试得居首选，高中状元之意。整个连廊中的轩廊名称隐含了古代学子的梦想，按照自己之路，刻苦攀登，方可圆梦。"世上无难事，只要肯登攀"（毛泽东《水调歌头·重上井冈山》）。

（十）鱼跃太和

"鱼跃太和"景点为园中园，名为"太和园"，该园因太和轩而得名。景点位于藏书楼西侧，鳌山东南麓，是一处山涧溪谷，水源来自龙潭，顺山势流入，上下高差超过一米，层层叠叠。景点名取自《诗经·大雅·文王之什·旱麓》："鸢飞戾天，鱼跃于渊。岂弟君子，遐不作人。"同时有鱼跃龙门之意，一旦科举及第，好似鱼跃为龙，如《文天祥殿试对策卷》云："臣等鼓舞于鸢飞鱼跃之天、皆道体流行中之一物、不自意得旅进于陛下之庭、而陛下且嘉之论道。"

"太和园"通过植物、围墙、假山叠石围合成，不出城郭而获山林之趣。其中点缀亭台、栈桥，游园之人可溪中观鱼，体鱼游之乐，林木交映，轩中候鸟，悟人生之道。"四壁荷花三面柳，半潭秋水一房山"（唐李洞《山居喜故人见访》），该景点堆筑假山疏密有致，栽植桃花垂柳藏露互引，花步小筑，入桥观蜓，微风拂面，静坐太和轩"坐可数游鱼，俯堪撷藻蕟"。轩外有"秋闱桥"，桥上可览两池涵碧，时而轩中，时而桥上，时而岸边，皆可醉客，如同乾隆帝《池上居》云："引流藉高水，曲折成石渠。注地得半亩，爱筑龙首疏。池上何所有，文轩碧纱橱。池畔何所有，九松翠郁扶。步廊三面围，其外乃后湖。"

"太和园"也是藏书楼阅读室观景的地方。在藏书楼内可俯瞰太和园景色。园区有座观蜓桥，如明代杨基《郡斋养疴呈醉樵内史二首》云："池塘空阔蜻蜓喜，帘幕萧条燕子愁。不是无言成独坐，暂将心事静中求。"观蜓桥的设置营造的是一种安静的空间氛围，寻幽之处。小轩静憩，参悟人生，《云笈七签》云："专精积神不与物杂，谓之清。反神服气安而不动，谓之静。"通过鱼跃之动态衬托观蜓之静心，动极生静，静极生动，是造园之法则。周敦颐的《太极图说》中"无极而太极。太极动而生阳，动极而静，静而生阴，静极复动。一动一静，

互为其根"营造动静互映的环境,在鱼跃园中静心体悟。

太和轩之名取自《易经》的"保合大和,乃利贞"。太和即为大和,为阴阳之和也。《道德经》云:"万物负阴而抱阳,冲气以为和。""和"则阴阳和万物生,也寓意天地万物和为一体,轩、人、园、景和谐共生,安之若素。太和轩的建筑采用庐陵特有的官亭样式,砖木结构,山墙墙脊是庐陵的弧线墙脊。官亭就是官道上的亭子,古时有十里一亭,《汉书》云:"大率十里一亭,亭有长;十亭一乡。"十里一亭的设置,是用于驿站跟驿站间给路人遮风避雨的场所,古时还设亭长,汉刘邦曾任此职,《汉书》云:"高祖为亭长,乃以竹皮为冠",后成为郊区游玩驻足休憩送别之地。《西厢记》云:"今日送张生赴京,

十里长亭,安排下筵席。"苏轼诗云:"十里长亭闻鼓角,一川秀色明花柳。"

太和园中还有一座桥梁,名为"秋闱桥",桥名取自科举中的乡试。乡试又称"秋闱""桂榜"。"槐花黄,举子忙",自唐代起,地方解试都安排在秋天,正值秋高气爽的时节,也是桂花飘香的时候。明清两朝的科考,固定在八月初九日第一场,十二日第二场,十五日第三场。举子在每场考试头一天入场,次日出场,自初八日至十六日,六天六夜居于号舍之中。

(十一)映日荷色

"映日荷花"是进士文化园中最大的水域景点,属于园中园,园名为"荷色园"。进士文化园中有三个园中园,即"太和园""荷色园""仙壶园"三处景点,园园呼应,园园相通,水系相连,与周围环境融为一体,不凸显,不争艳。《金刚经》言:"此人无我相人相众生相寿者相。所以者何。我相即是非相。人相众生相寿者相即是非相。"造园亦是如此,消除一切相,消除设计师的个性,使众多景色融合一起,你中有我,我中有你,分散又整体,统一又变化。

清乾隆帝也是位伟大的造园家,某日大臣邀请乾隆帝前往圆明园中一处完工的景点,乾隆帝游赏一圈后,未表扬也未批判,快出园时言:"此石独特,甚美。"当晚,监工大臣命人砸碎此石,连夜清

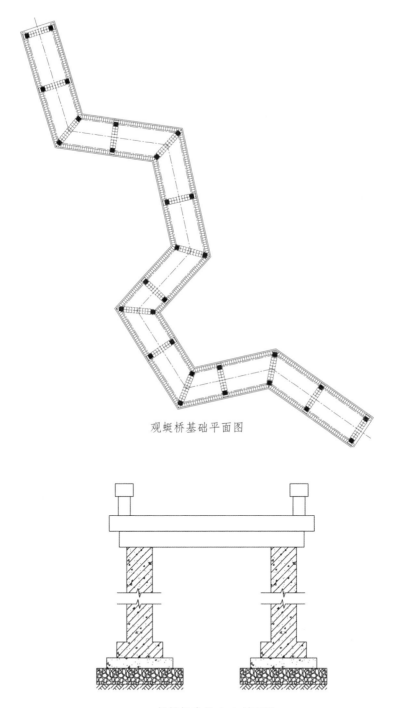

观蜓桥基础平面图

折桥标准段 1-1 剖面图

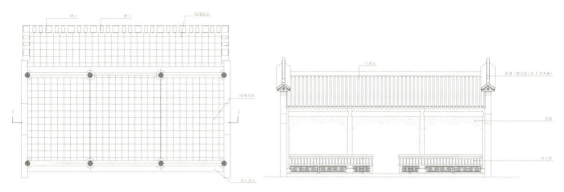

太和轩平面图　　　　　　　　　　太和轩背立面图

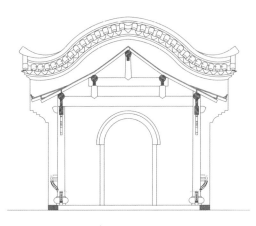
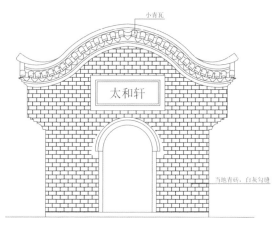

太和轩1-1剖面图　　　　　　　太和轩侧面图

场。造园即如此，不允许有凸显之物，要融为一体，相得益彰。"一法为万法，万法为一法"。六祖慧能在《坛经》言："说即虽万般，合理还归一。"万物归一，一即为天、为道，道法自然。老子《道德经·第三十九章》云："昔之得'一'者，天得'一'以清；地得'一'以宁；神得'一'以灵；谷得'一'以生；侯王得'一'以为天下正。"其中所说的"一"就是道，是自然法则、自然秩序。

造园就得遵循自然法则，运用秩序手法，曲径、曲岸、自然无形种植，正如老子《道德经·第四十三章》所云："天下之至柔，驰骋天下之至坚。无有入无间，吾是以知无为之有益"，是中国造园最高境界。这种境界高于西方园林讲究的有序性、整修性、直线性、对称性的造型。它是一种如老子所说"大音希声，大象无形，道隐无名"（《道德经·第四十一章》）的美，最美的形体就是藏在有形体中的无形，不凸显。

该园以吾邑宋朝先贤杨万里的《晓出净慈寺送林子方》诗中意境所营造:"毕竟西湖六月中,风光不与四时同。接天莲叶无穷碧,映日荷花别样红。"在此种植荷花来营造一处不是西湖胜西湖的风光,亭槛台榭,皆因水为面势,林木葱郁,水色迷茫,清香远送。信步幽僻小路,入"鼎甲轩"静憩,将自己置身于此,感受无穷的碧绿,娇美的荷花在柔和的阳光下更显艳丽,通过翠绿艳红的视觉效果来体验四时不同的季节,让游人足可留恋,令人回味的艺术境地。

这里适合热闹的人,可以追赶小荷尖尖角上的蜻蜓,岸边的蝴蝶,可以与荷叶下的小鱼对话;适合冷静之处,感受薄薄青雾浮起的微风拂面;适合独处的人,穿梭在荷塘边上小道上,微风摇曳,吹拂荷叶如同雨伞在碧绿中游动,置身景色如画中,人在画中游。在"望一举

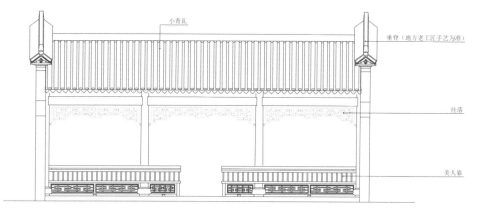

鼎甲轩背立面图

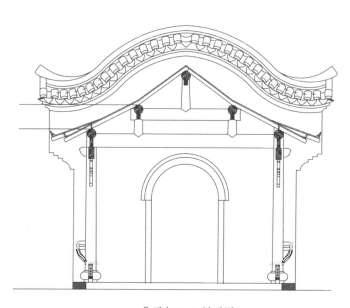

鼎甲轩 1-1 剖面图

第六章 十八景色 进士天地 173

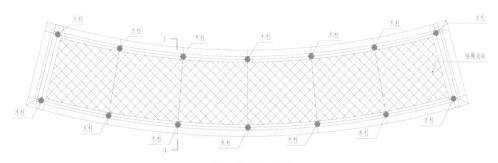

望一举轩平面图

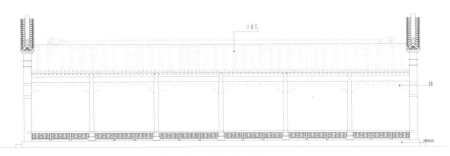

望一举轩梁架平面图

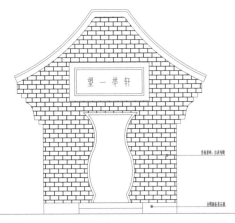

望一举轩侧立面图

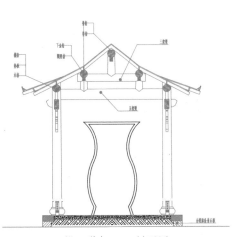

望一举轩 1-1 剖面图

轩"中,望池品荷,静品、细品、深品"水陆草木之花,可爱者甚蕃。晋陶渊明独爱菊。自李唐来,世人甚爱牡丹。予独爱莲之出淤泥而不染,濯清涟而不妖,中通外直,不蔓不枝,香远益清,亭亭净植,可远观而不可亵玩焉"(周敦颐《爱莲说》)。通过在此培育荷花,寓意读书学子做人如荷花洁身自好,洒落胸襟不受尘,做有担当,有进取的人。

(十二)文峰古渡

"文峰古渡"景点即古码头。写不尽古渡往事,朝花夕拾;述不完码头尘缘思绪万千。古代渡口映衬了民俗文化特点,是人来人往的起点,亦是终点,亦是旅途暂靠点。唐代杜牧《江南送左师》有:"江南为客正悲秋,更送吾师古渡头。"渡口也是一道亮丽的风景线,晨光熹

微、风和日丽、晚霞斑斓，一天的微风光影写意了人生画卷。"渔商闻远岸，烟火明古渡"（唐德舆《祗役江西路上以诗代书寄内》）。

在进士文化园内设置一处古码头，再现文峰古镇渡口的繁华，恢复古时吉水西门曾经的码头文化，同时解决赣江沿岸明城墙码头到进士文化园内码头的载人小舟停靠问题。通过小舟往来，渡客至明古城墙西门，也可以将明城墙的游客接至进士文化园内的文峰古渡景点，分流进士文化园的游客。文峰古渡古码头的设置，可以让游客坐此观赣江风景，也可在此驻足看江面渔帆，还增添了一处发呆思古的去处，让人淡泊从容地感悟千百年来人间往事。

（十三）鱼升龙门

"鱼升龙门"景点即状元门。此景点按照鲤鱼跳龙门之意设计。名称出自《辛氏三秦记》："河津一名龙门，禹凿山开门，阔一里馀，黄河自中流下，而岸不通车马。每逢春之际，有黄鲤鱼逆流而上，得过者便化为龙。"

龙门相传是大禹所凿，所以龙门又称为禹门，《吕氏春秋·古乐》载："禹立，勤劳天下，日夜不懈，通大川，决壅塞，凿龙门，降通漻水以导河，疏三江五湖，注之东海，以利黔首。"《春秋左传》也有记载："美哉禹功，明德远矣！微禹，吾其鱼乎！"《汉书·卷二十九·抵典·镜诰》也载："昔大禹治水，山陵当路者毁之，故凿龙门，辟伊

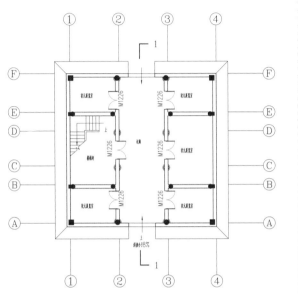

状元门一层平面图

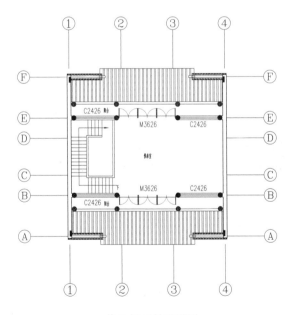

状元门二层平面图

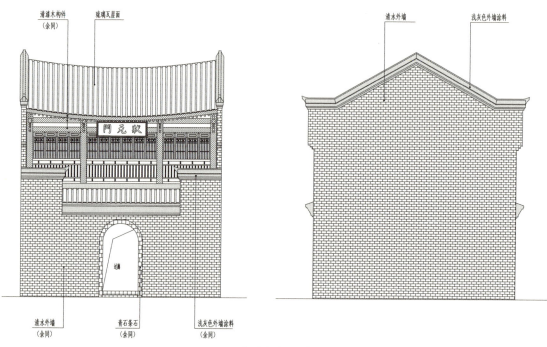

状元门立面图

阙，析底柱，破碣石，堕断天地之性。此乃人功所造，何足言也！"这些文献都说大禹在治理水患时，曾凿开豁口让鲫鱼跃过，后神化鲤鱼为龙，来强调逆流前进，跳过龙门，鹏程得志之意。《尔雅》曰："鳡，鲔也。出巩穴，三月则上渡龙门，得渡为龙矣，否则点额而还。"《埤雅·释鱼》载："俗说鱼跃龙门，过而为龙，唯鲤或然"，都提及鱼升龙门的典故。

进士文化园内在临近赣江旁设置状元门，来体现大禹治水之功绩，同时通过状元门转化为龙门，"但愿鱼化龙，青云得路桂枝高折步蟾宫"，寓意读书学子过此门即可飞黄腾达，腾跃成龙。因此，此门乃幸福之门、顺心之门、荣耀之门、得志之门、升迁之门。

状元门的建筑以流坑古村状元楼样式一比一营造，有很强的庐陵风格特点。该建筑以正方形结构凸显儒家"中正"思想，正者，德也，寓意过此门者，需端正自己，正心诚意。状元门底层由南北拱券形门洞形成的通道，如同进村巷之牌楼门，其形如孔洞寓孔门之意，又如过关口，即穿过状元门，过此关后就是孔子"门人"了。汉代郑玄解曰，"门人"即弟子也，清朝江藩在《汉学师承记·惠松崖》中载："（惠栋云）古人亲受业者称弟子，转相授者称门人。"状元门又称"龙门"，寓意鲤鱼跳龙门。从园区运营角度看，未来状元门可以开展"跨状元门，圆名校梦""擂状元鼓，开状元门""抛绣球"之类文化活动。其北为樟树林，南为古街，有着承上启下之作用。此外，过状元门可出将入相，过状元门可高中榜首，故将此景点开发成状元游街及状元省亲等活动的场所。

（十四）对台唱古

"对台唱古"景点是一处戏楼。戏楼采用庐陵地区戏楼的建筑形式，戏台为三开间歇山屋顶形式，后附有戏台背景墙，两侧为出将入相，出将入相门洞后面有供演员化妆准备的戏房。出将入相寓意出征即可为将帅，入朝即可为宰相。据《旧唐书·列传第二十》记载："孜孜奉国，知无不为，臣不如玄龄；才兼文武，出将入相，臣不如李靖；敷奏详明，出纳惟允"，对此有所说明。

戏楼又称戏台，是古代用于演戏的建筑。中国传统戏曲种类繁多，各地域都有自己地方特色的戏曲形式。在不同地区、不同历史时期，戏楼的结构形式有所区别，有在城镇广场上的戏楼，有在祠堂里的戏楼，有在寺院道观中的戏楼，有在茶楼饭店中的戏楼，还有梨园剧场里的戏楼。

皇家戏楼以故宫宁寿宫畅音阁大戏楼为最，坐南面北，建筑宏大华丽。始建于乾隆三十七年（1772年），于乾隆四十一年（1776年）落成。古时，看戏是宫廷主要的娱乐活动。每逢节假日，如立春元旦、上元端午、中秋七夕、冬至重阳、除夕等节日，或皇帝登极及帝后寿辰等。民间祠堂戏楼以宁波天一阁内秦氏支祠的古戏楼算得上一绝，

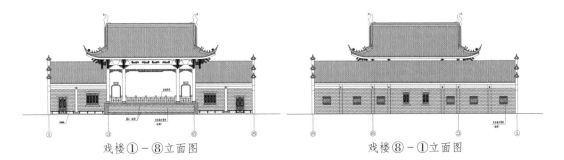

戏楼①-⑧立面图 戏楼⑧-①立面图

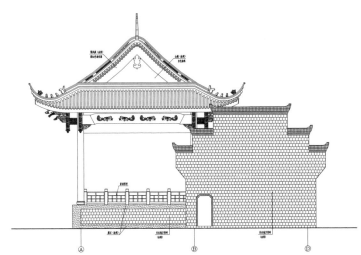

注：Ⓓ-Ⓐ立面图方向相反。
戏楼Ⓐ-Ⓓ立面图

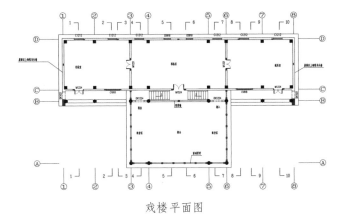

戏楼平面图

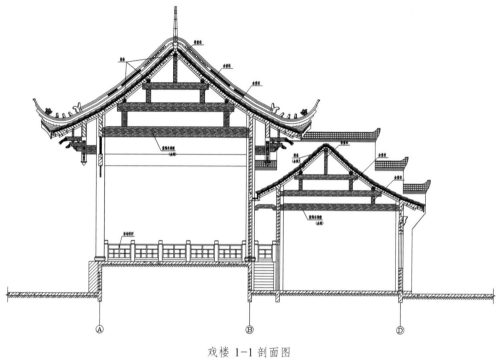

戏楼 1-1 剖面图

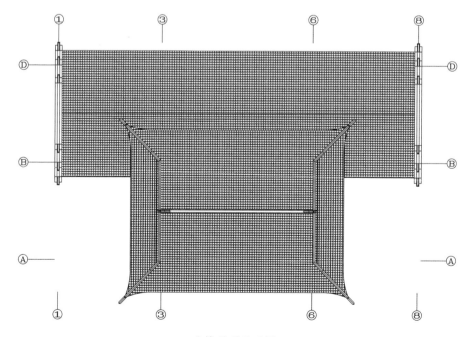

戏楼屋顶平面图

重雕描金,金碧辉煌,与书香雅致的天一阁形成了鲜明对比。

　　古代流行观戏,上至皇亲国戚、谋臣武将,下至文人墨客、鸿商富贾,大部分都愿意建造戏楼丰富娱乐生活。《聊斋志异·鼠戏》载:"每于稠人中,出小木架,置肩上,俨如戏楼状。乃拍鼓板,唱古杂剧。"在吉水地区内,戏剧剧种丰富,有三角板、采茶戏等地方戏。

(十五)仙壶鸥鹭

　　"仙壶鸥鹭"景点也是一处园中园,名为"仙壶园"。根据鸥鹭惊起的自然景象营造出一处人间仙境。景点位置在中国进士博物馆南面,

易货轩立面图

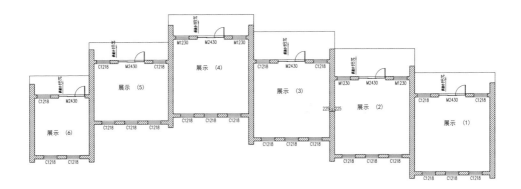

易货轩首层平面图

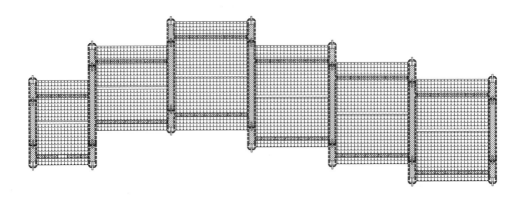

易货轩屋顶平面图

北临官署，南临易货轩，西临古街，东临停车场。仙壶园地处偏僻幽静之所，按照李清照词《如梦令·常记溪亭日暮》中意境营造，词云："常记溪亭日暮，沉醉不知归路。兴尽晚回舟，误入藕花深处。争渡，争渡，惊起一滩鸥鹭。"

该景点通过连廊、假山叠石、茂林、围墙组成，景点内有曲港横塘，藕花深处，幽杏清香，鸥鹭栖息，花汀渔浦，夕阳斜照之画境。造园时通过自然凿土筑池，修水饰景得如同葫芦形状，自然写意，片石叠岸，宛如仙宫世界，楼观重门之壶中天地。根据《后汉书·卷八十二下·方术列传》载："费长房者，汝南人也。曾为市掾。市中有老翁卖药，悬一壶于肆头，及市罢，辄跳入壶中。市人莫之见，唯长房于楼上睹之，异焉，因往再拜奉酒脯。翁知长房之意其神也，谓之曰'子明日可更来。'长房旦日复诣翁，翁乃与俱入壶中。唯见玉堂严丽，旨酒甘肴盈衍其中，共饮毕而出。翁约不听与人言之。后乃就楼上候长房曰'我神仙之人，以过见责，今事毕当去，子宁能相随乎？楼下有少酒，与卿为别。'长房使人取之，不能胜，又令十人扛之，犹不举。"由这段史料可知，壶中天地是形容神仙居住的地方，道家以葫芦形状形容宇宙，外圆内空即为小宇宙，为壶天，为壶中别有洞天，是仙壶、壶中天、壶中地、壶中景的道家仙境，也是很多诗人都向往的仙境之地。

唐代李白云："蹉跎人间世，寥落壶中天。"刘禹锡云："笙歌五云

里,天地一壶中。"白居易《酬吴七见寄》曰:"谁知市南地,转作壶中天。"王维曰:"坐知千里外,跳向一壶中。"李商隐曰:"壶中别有仙家日,岭上犹多隐士云。"元稹曰:"壶中天地乾坤外,梦里身名旦暮间。"宋人苏轼云:"误入仙人碧玉壶,一欢那复问亲疏。"黄庭坚云:"或持剑挂宰上回,亦有酒罢壶中去。"陆游云:"乃知壶中天,端胜缩地脉。"范成大云:"尘埃不隔壶中境,功业犹关物外身。"等以壶中天地为主题的诗作不计其数,反映了诗人内心的向往。

"仙壶园"以园中园的手法,在园中又营造出多处不同的空间,虚实相济,大小有别,以小中见大之法,漫游各处,时而廊中小憩,时而登桥远眺,时而信步小径,时而栈台观鱼,时而草丛戏蝶,时而池边问蜓,以小空间大布局,通过传统造园中的抑景手法、

框景手法、对景手法、借景手法让人感觉有无限风光。

仙壶园内有两座桥，北面为"传胪桥"，南面为"黄甲桥"。"传胪桥"名取自科举考试中钦定状元及诸进士名次后要举行的传胪大典。沈括《梦溪笔谈》记载："进士在集英殿唱第日，皇帝临轩，宰相进一甲三名卷子，读毕拆视姓名，则曰某人，由是阁门承之以传胪。"《宋史·志·第一百八·选举一》记载知贡举宋白等定贡院故事："先期三日，进士具都榜引试，借御史台驱使官一人监门，都堂帘

外置案,设银香炉,唱名给印试纸。及试中格,录进士之文奏御,诸科惟籍名而上;俟制下,先书姓名散报之,翌日,放榜唱名。既谢恩,诣国学谒先圣先师,进士过堂合下告名。闻喜宴分为两日,宴进士,请丞郎、大两省。"

《清史稿·志六十四·礼八》载:"传胪日,设卤簿,陈乐悬,王公百官列侍。贡士皆公服,冠三枝九叶顶冠,立班末。帝御太和殿,读卷等官行礼如初,奉榜授受如奉策题仪。鸿胪寺官引贡士就位,跪听传。制曰'某年月日,策试天下贡士,第一甲赐进士及第,第二甲赐进士出身,第三甲赐同进士出身。'赞'一甲一名某',令出班前跪。赞二三名亦然。赞'二甲一名某等若干名,三甲某等若干名',不出班，同行三跪九叩礼。退立。礼部官举榜出中路，一甲进士从，诸进士出左右掖门，置榜龙亭，复行三叩礼。校尉异亭，鼓乐前导，至东长安门外张之，三日后缴内阁。于是顺天府备伞盖、仪从送状元归第。越五日，状元偕诸进士上表谢恩如常仪。"上述史料详述了传胪大典的具体细节。据考证，洪武二十一年（1388年）戊辰科，解元、解缙与弟弟解纶以及妹夫黄金华同赴南京参加会试，解缙高中第七名贡士，解纶以及妹夫均同时高中进士，殿试传胪，三人同榜登第。

"黄甲桥"名称源自古代黄纸书写科举甲科及第者名字及籍贯，清朝后演化成进士及第者。彭大翼《山堂肆考·科第·登第》载："黄甲由省中降下，唱名毕，以此升甲之人，附于卷末，用黄纸书之，故曰黄甲。是日贡院设香案于庭下，状元引五甲内士人拜香案，礼部亦遣官来赞导，置黄甲于案中，而望阙引拜"，对此叙述颇为详细。

（十六）状元府第

"状元府第"景点是一座庐陵风格的一进院落的仿古建筑，青砖灰瓦马头墙，砖木结构，坐西朝东，仪门前广场东有"状元桥"，进入仪门后左右连廊衔接南北厢房，南厢房南侧有幽静小园，假山叠泉，茂林修竹。状元府第是用于状元省亲和状元游街等活动的场所，平时也可以用于景区服务管理工作人员用房。

府第是古代达官贵人宅院的称谓。《梦粱录·荫补未仕官人赴铨》

载:"临安辇毂之下,中榜多是府第子弟。"因此,对府第的营造需严格依照儒家礼制规范进行,多为对称式院落,有一进、二进、三进、四进等。《宋史·舆服二》载:"臣下则诸州公门设焉,私门则府第恩赐者许之。"古代状元府第有严格的礼制规范,据《明史·舆服·宫室之制》记载:"百官第宅:明初,禁官民房屋不许雕刻古帝后、圣贤人物及日月、龙凤、狻猊、麒麟、犀象之形。凡官员任满致仕,与见任同。其父祖有官,身殁,子孙许居父祖房舍。洪武二十六年定制,官员营造房屋,不许歇山转角,重檐重栱,及绘藻井,惟楼居重檐不禁。

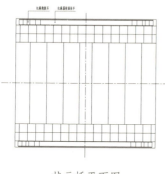

状元桥平面图

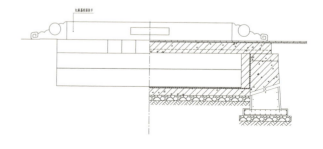

状元桥立面、剖面图

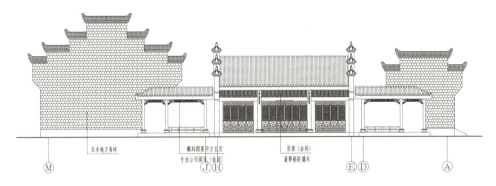

状元府第Ⓜ-Ⓐ立面图

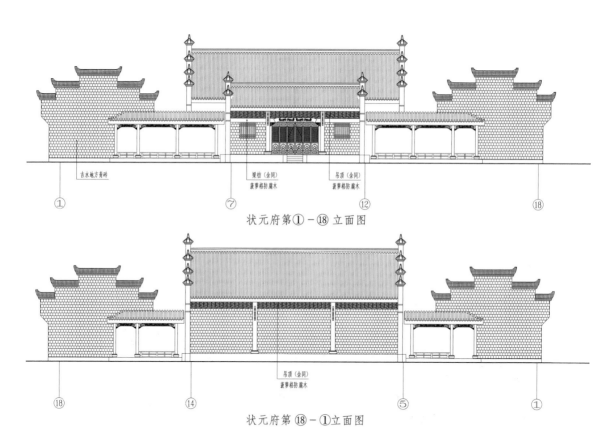

状元府第①-⑱立面图

状元府第⑱-①立面图

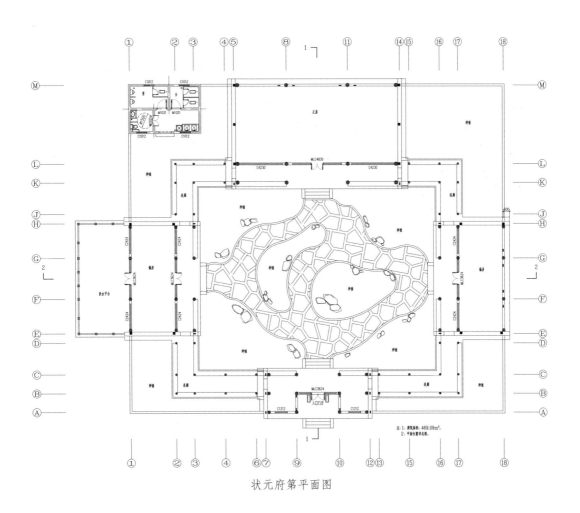

状元府第平面图

公侯，前厅七间、两厦，九架。中堂七间，九架。后堂七间，七架。门三间，五架，用金漆及兽面锡环。家庙三间，五架。覆以黑板瓦，脊用花样瓦兽，梁、栋、斗栱、檐桷彩绘饰。门窗、枋柱金漆饰。廊、庑、庖、库从屋，不得过五间，七架。一品、二品，厅堂五间，九架，屋脊用瓦兽，梁、栋、斗栱、檐桷青碧绘饰。门三间，五架，绿油，兽面锡环。三品至五品，厅堂五间，七架，屋脊用瓦兽，梁、栋、檐桷青碧绘饰。门三间，三架，黑油，锡环。六品至九品，厅堂三间，七架，梁、栋饰以土黄。门一间，三架，黑门，铁环。品官房舍，门窗、户牖不得用丹漆。功臣宅舍之后，留空地十丈，左右皆五丈。不许那移军民居止，更不许于宅前后左右多占地，构亭馆，开池塘，以资游眺。三十五年，申明禁制，一品、三品厅堂各七间，六品至九品厅堂梁栋祇用粉青饰之。"对百官所用府第进行了严格的等级区分。

除官员外，古代的普通私宅也有严格的等级要求。据《宋史·舆服·宝印符券宫室制度臣庶室屋制度》志第一百七记载："凡民庶家，不得施重栱、藻井及五色文采为饰，仍不得四铺飞檐。庶人舍屋，许五架，门一间两厦而已。"

（十七）闱墨忆梦

"闱墨忆梦"景点是一处借鉴江南贡院号舍的建筑。它结合了庐陵地方文化元素，营建了三百多间号舍，用以模仿古代科举文考场，号舍又名考棚、号房，以千字文顺序作为牌号。据《明史·志第四十六·选举二》记载："考试者用墨，谓之墨卷。誊录用朱，谓之朱卷。试士之所，谓之贡院。诸生席舍，谓之号房。"在清朝对号舍有同样的规定，据《清史稿·志八十三·选举三》记载："士子用墨，曰墨卷。誊录用朱，曰朱卷。主考墨笔，同考蓝笔。乾隆间，同考改用紫笔。未几，仍用蓝。试士之所曰贡院，士子席舍曰号房，拨军守之曰号军。试官入闱封钥，内外门隔以帘。在外提调、监试等曰外帘官。"

号舍北邻"桂花园"，南临"武考场"，东临"桃李园"，西临赣江。通过模仿古代科举考试场所让游客体会考试的艰辛，同时激励当代学子勤学惜福。关于号舍的规制，清代《广东文闱科场事例》有简洁的描述："每一号舍约阔三尺，深四尺，檐高八尺，地下皆铺砖，两

便墙用双隅砖砌,离地一尺五寸,留砖罅一条,为套上号板之用。号板每块一寸八分,阔如其号,深以铺满号舍为度。板上尺余,再留一砖罅,士子将号板揭一块,置在上级,恰合一台,用以作文写字,再上则单砖到顶。"可见古代号舍比较矮小,巷道不超过一米五,号舍内面积极为局促。清乾隆十年(1745年),乾隆皇帝亲临顺天贡院"遍观堂所,周览号舍,矮屋风檐,备极艰辛,深可悯念",证实了这种状况。

事实上,考生在号舍中坐卧起居比较辛苦,因此有"三场辛苦磨成鬼,两字功名误煞人"的著名诗句。"明清贡院的形制,是总结几百年科举考试的经验和教训不断改进的结果,凝聚着许多人的智慧。古今中外有形形色色的考试,但只有明清贡院才有那么奇特的独立的考试小空间。号舍是用最简单的设计、最少的材料，建出容纳一个考生最低需要的考试单间，它便于防止作弊，有利于举子独立静思答卷。虽然很多人都说举子在其中坐卧辛苦，但对一种需容纳成千上万人考试而又想兼顾每个人有独立空间的考场来说，三尺宽四尺深的号舍已经是很不容易了。对号舍的形制，现代人不应有太多的嘲讽，它实在是中国科举制度的最有代表性的有形标志"，这是研究科举文化专家刘海峰教授的感慨。

根据科举文化学者刘海峰教授考证，为了重现吉水昔日科举盛景，庐陵地区的人为考棚的建设慷慨解囊，"清代中后期吉安府各县士绅纷纷慷慨解囊，捐设南宫会、宾兴会、采芹会等助考公益基金，捐建会馆、试馆、考棚等考试建筑，为本地各类科举考生提供路费、考费、住宿场所或考试场所。考生赴考前，各县还会举行隆重的送考仪式：宾兴酹魁"。

（十八）独占鳌头

独占鳌头景点是仿建的古代武考场。武考场位于科举文考场南侧，南临园区南门，西临赣江，东临沿江路。整个考场气势宏大，周围连廊衔接，南侧设有比武擂台，北侧为骑射区，中心为骑术场，西侧为轩廊看台，南侧保存了几株自然生长的古香樟。

武举科考制度始于唐朝武则天长安二年，至明清两朝最为鼎盛，

尤其在清朝重视程度高于历朝，但清朝只重视武举而无武学。历代文科出身的进士地位高于武举。《清史稿》载："武科，自世祖初元下诏举行，子午卯酉年乡试，辰戌丑未年会试，如文科制。乡试以十月，直隶、奉天于顺天府，各省于布政司，中式者曰武举人。次年九月会试于京师，中式者曰武进士。凡乡、会试俱分试内、外三场。首场马射，二场步射、技勇，为外场。三场策二问、论一篇，为内场。外场考官，顺天及会闱以内大臣、大学士、都统四人为之。内场考官，顺天以翰林官二人，会闱以阁部、都察院、翰、詹堂官二人为之。同考官顺天以科甲出身京员四人，会闱以科甲出身阁、科、部员四人为之。会试知武举，兵部侍郎为之。各直省以总督、巡抚为监临、主考官，科甲出身同知、知县四人为同考官。外场佐以提、镇大员。其余提调、监射、监试、受卷、弥封、监门、巡绰、搜检、供给俱有定员，大率视文闱减杀。殿试简朝臣四人为读卷官,钦阅骑射技勇,乃试策文。临轩传唱状元、榜眼、探花之名,一如文科……惟年逾六十者,不许应试。其后武职会试,以武举出身者为限。康熙间,欲收文武兼备之材,尝许文生员应武乡试,文举人应武会试,颇滋场屋之弊。乾隆七年,以御史陈大玠言,停文武互试例。"

对于上述史料,《台湾私法》第二卷第二编有关"阶级"的款项中,分析了中国学位、官位、爵位的区别,其中第一目"学位"将中国的学位分为"文学位"和"武学位"。文学位包括文生员、监生、文举人、文进士等,武学位包括武生员、武举人、武进士等。

根据《宋史》记载:"旧制,武举三年一试,命官不过三十余人,后增额,以每贡者三人即取一以升上舍,积迭增展,遂至百人入流,比文额太优。大观四年,诏自今贡试上舍者,取十人入上等,四十人入中等,五十人入下等,皆补充武学内舍,人材不足听阙之,余不入等者,处之外舍。大抵以弓马程文两上一上、两中一中、两下一下相参以为第……从之。初命武学生该遇登极覃恩,曾升补内舍或在学及五年曾经公、私试中人,并令赴省。是岁廷试,始依文科给黄牒,榜首赐武举及第,余并赐武举出身。其年,颁武举之法。"明朝初期,太祖朱元璋广罗贤才,洪武元年设文武二科取士之令,使有司劝谕民间秀士及智勇之人,以时勉学,俟开举之岁,充贡京师。《明史志·四十六·选举二》载:"武科,自吴元年定。洪武二十年俞礼部

请，立武学，用武举。武臣子弟于各直省应试。天顺八年，令天下文武官举通晓兵法、谋勇出众者，各省抚、按、三司，直隶巡按御史考试。中式者，兵部同总兵官于帅府试策略，教场试弓马。答策二道，骑中四矢、步中二矢以上者为中式。骑、步所中半焉者次之。"明代武科不设殿试，武举人赴京参加由兵部主持的武会试，考中即为武进士。武会试的举行时间与文会试相同，也是逢辰、戌、丑、未年举行。

第七章

檐口彩绘　描画春秋

中国传统建筑以木头作为材料，为了防水、防蛀、防燥等，延长木建筑的使用年限，常在古建筑用材上批灰打底、绘图放样、设色涂刷，这就形成了古建彩绘，俗称丹青。彩绘是在古建筑檐口斗拱、梁和枋、柱头、窗棂、雀替、墙壁、天花、瓜筒、椽子等建筑木构件上绘制装饰画，图案采用龙、云、锦纹等。

彩绘应用有两千多年历史，至隋唐时期大量运用在宫殿庙宇，后受印度佛教绘画艺术影响，至清朝发展到鼎盛。但在古代，彩绘基本由皇家宫殿及皇亲国戚专享，普通百姓不予享配。清朝后，彩绘发展至百姓居所。据《明史·舆服·宫室之制》记载："百官第宅……家庙三间，五架。覆以黑板瓦，脊用花样瓦兽，梁、栋、斗拱、檐桷彩绘饰。门窗、枋柱金漆饰。廊、庑、庖、库从屋，不得过五间，七架。一品、二品，厅堂五间，九架，屋脊用瓦兽，梁、栋、斗拱、檐桷青碧绘饰。门三间，五架，

绿油，兽面锡环。三品至五品，厅堂五间，七架，屋脊用瓦兽，梁、栋、檐桷青碧绘饰。"又云："庶民庐舍：洪武二十六年定制，不过三间，五架，不许用斗栱，饰彩色。三十五年复申禁饬，不许造九五间数，房屋虽至一二十所，随基物力，但不许过三间。正统十二年令稍变通之，庶民房屋架多而间少者，不在禁限。"其对彩绘的使用对象做了详细说明。

彩绘发展至宋代均采用叠晕画法，所用颜色采用渐变形式，淡雅柔和；至元朝发展成旋子彩绘画法；至明朝时期，彩绘发展到巅峰时期，题材技法丰富，规范严明，甚至出现了描金彩绘，即金云龙彩绘，均用于宫殿；至清朝，官式彩绘发展至旋子类、和玺类、吉祥草类、苏式类和海墁类五大类别，其中苏式类又称包袱彩绘，为江南包袱彩绘演变而成。

庐陵地区建筑基本上没有过多的彩绘。明朝时期，严禁民间宅第实施彩绘，只允许在屋檐下采用墨色描绘草木花卉形状的图案，名为花边，俗称切活。庐陵建筑结构形式导致屋檐单薄，以描绘花边加深檐口的厚重感。至清朝，对于彩绘的禁令放宽，民间会在屋檐下绘制

图案,图案以均匀分格的形式描绘开科取士、琴棋书画、勤学好问、皓首穷经等题材。今天庐陵地区仍有部分建筑保留明朝时期的花边形式,在彩绘图案底下加切活。

在进士文化园内采用庐陵风格的彩绘建筑有中国进士博物馆、藏书楼、官署、状元阁周围风雨廊、各处亭子、连廊。彩绘内容分为状元文化故事、科举考试故事、进士文化故事、著名进士及地方先贤文化故事、地方民俗故事五大类,共计三千多幅,寓意"三千进士冠华夏,文章节义写春秋"的庐陵文化盛况。其中中国进士博物馆正檐口(东立面檐口)彩绘以中国科举以来有影响力的进士为主题内容,如欧阳修的画荻教子,林则徐虎门销烟,文天祥抗元就义,杨万里、杨士奇、曾国藩等,其他彩绘内容则按照五大类故事依序实施。

第八章

要而论之　言甚详明

明末清初文人钱谦益说:"翰林多吉水,朝士半江西。"在庐陵地区民间也有"江右人文甲于天下"的美誉。古代吉水,山清水秀,人文翡翠,被称为"文章结义之邦,人文渊源之地"。在庐陵地区吉水大地上建造一座中国进士文化园作为承载进士文化的载体,是有资格、也有条件的。江西是隋唐开科取士以来的科举大省,历史上产生了一万余名进士。古代庐陵地区又是出产进士的重镇,出现了三千多位进士,是全国之最,其中走出的状元、榜眼、探花等魁科人物数量也是全省最多,居全国第二,而吉水县又是庐陵地区的佼佼者,有进士六百多位,其中欧阳修、杨万里、文天祥、解缙、陈诚、罗洪先、毛伯温、邹元标、李邦华等均为吉水科举中的佼佼者。借助吉水这处吉山秀水的宝地,结合全国进士文化及知名进士人物,打造这处专题性强的主题古典园林,将中国进士文化,科举考试制度,以及朝鲜、日本、越南所构建的东亚科举文化圈进行全面展示,并通过中国进士文化园这张名片推向全世界。

据研究科举文化的长江学者刘海峰教授言:"科举是中国及部分东亚国家在帝制时代设科考试、举士任官的制度,进士是通过科举获得的最高科名。"进士科举创立于隋炀帝大业元年(605年),至清光绪三十一年八月初四日(1905年9月2日)停废,在中国历史上整整存在一千三百年之久,选拔出十一万余名进士,对传统社会的文化教育、官僚政体和历史发展进程等多方面,都产生过重大而深远的影响。经过一千三百年的持续发展,科举和进士在中国历史上留下了深刻印记,成为中国帝制时代具有代表性的文化符号。进士作为士人的表率、社会的精英,对中国历史的进程、社会的发展有着举足轻重的影响,历代进士中有许多成了彪炳史册的济世之才。

从隋唐到明清,许多政治家、文学家、教育家和著名学者都是进士出身,民族的兴衰、朝代的更替、国家的治乱,都和他们密切相关。正如孙中山评价科举时所说:"自世卿贵族门阀举荐制度推翻,唐宋厉行考试,明清峻法执行,无论试诗赋、策论、八股文,人才辈出;虽所试科目不合时用,制度则昭若日月。"从隋唐到明清,进士成为社会的中坚力量,世人对进士出身者十分敬重,因此科举时代流行着"科名以人重,人亦以科名重"的格言。

这是科举时代选拔出了众多人才,让世人敬重科举,在科名与人名之间长期互动后形成良性结果。"天与之,人贵之"。进士阶层之所以受到人们的崇敬,一方面是由于他们具有较高的社会地位,另一方面是因为他们大多数人确有真才实学,尤其是他们胸怀修身、齐家、治国、平天下的理想,通过自身十年寒窗刻苦学习,不畏激烈竞争,经过层层考试选拔脱颖而出,最终走上仕途,为政一方,取得政绩,才赢得人们的敬重。

一千三百年的科举发展史,在中国进士文化园内,通过古典园林艺术巧妙的手法得到唯美的展现。这是现代园林景观设计无法比拟的地方,古典园林有着自身的厚重,对于深厚的传统文化及进士科举文化的底蕴和特色是可以承载的。中国传统造园包含了综合的文化内涵,文化元素,这与西方园林有很大区别。西方园林受其固有文化的影响,造一处园林涉及多种专业的设计师,如建筑设计师、园林设计师、生态设计师、植物设计师、水电设计师、艺术小品设计师等,这些设计师组合成一个团队,并且各自凸显设计师的设计感,所建造的园林作品各自体现设计师的鲜明个性。

与之不同的是,中国古典园林要求消除造园家的个性,做到"无我境界"。如《楞伽经》云:"譬如明镜。顿现一切无相色像。如来净除一切众生自心现流。亦复如是。顿现无相。无有所有清净境界。"着重塑造园林所含的本质内涵,体现园林的文化载体,因此需要造园家的文化修养,要求造园家别具匠心、潜心学习,不断提高文化内涵,成为一个懂园林规划、古建、现代建筑学、植物学、诗词歌赋、绘画、堪舆、哲学、经济、建筑材料、地域民俗等多重古典园林造园元素的复合人才,只有这样才能成功建造一处巧夺天工,消除人为而自成天趣,做到赏心悦目、闻名遐迩的传世佳作,进士文化园就是最好的例子,也是复兴中国造园艺术并在"继承中发展,在发展中继承",亦是文化自信的载体。

在中国进士文化园的营造中,笔者致力将中国进士文化园打造成一千三百年以来的进士文化载体,将古代学子如何从"寒窗苦读"到"鏖战科场",最后"登科中举"的艰辛历程,生动地带到人们面前,在每一个景点中科学、准确地融入科举取士、进士及第、状元登科等文化内涵,在游客游览过程中,自然地将科举和进士的历史知识,科举考试的程序,普及教化作用进行展示和传播。加深人们对中华传统文化的认识,增强中华民族的文化自信和民族自豪感。

中国进士文化园的成功,源于当地政府的大力支持,及政府对传统文化的重视,对古典园林的认可。通过文化产业推动经济效益和社会效益,是对新时代坚定文化自信的有力诠释。

"东方欲晓,莫道君行早。踏遍青山人未老,风景这边独好"。

参 考 文 献

1.（汉）班固. 汉书 [M]. 北京：中华书局，1964.

2.（汉）董仲舒. 春秋繁露 [M]. 北京：中华书局，2012.

3.（汉）刘向. 说苑译注 [M]. 北京：北京大学出版社，2009.

4.（汉）刘歆. 西京杂记 [M]. 上海：上海古籍出版社，2012.

5.（汉）司马迁. 史记 [M]. 北京：中华书局，1959.

6.（汉）许慎. 说文解字 [M]. 北京：中华书局，2013.

7.（后晋）刘昫. 旧唐书 [M]. 北京：中华书局，1975.

8.（明）宋濂. 宋濂全集 [M]. 北京：人民文学出版社，2014.

9.（明）宋濂. 元史 [M]. 北京：中华书局，1976.

10.（明）王阳明. 王阳明全集 [M]. 上海：上海古籍出版社，1992.

11.（清）曾朴. 孽海花 [M]. 上海：上海古籍出版社，1979.

12.（清）顾炎武. 顾亭林诗文集 [M]. 北京：中华书局，2008.

13.（清）江藩. 汉学师承记 [M]. 上海：中西书局，2012.

14.（清）张廷玉. 明史 [M]. 北京：中华书局，1974.

15.（宋）范晔. 后汉书 [M]. 北京：中华书局，1965.

16.（宋）郭思，杨伯. 林泉高致 [M]. 北京：中华书局，2010.

17.（宋）李昉. 太平广记 [M]. 北京：中华书局，2013.

18.（宋）吕祖谦，朱熹. 近思录 [M]. 郑州：中州古籍出版社，2008.

19.（宋）欧阳修，宋祁. 新唐书 [M]. 北京：中华书局，1975.

20.（宋）文天祥. 文天祥全集 [M]. 南昌：江西人民出版社，1987.

21.（宋）吴自牧. 梦梁录 [M]. 杭州：浙江人民出版社，1981.

22.（宋）朱熹. 孟子集注 [M]. 杭州：西泠印社，2003.

23.（宋）朱熹. 诗集传 [M]. 北京：中华书局，2011.

24.（唐）杜佑. 通典 [M]. 北京：中华书局，1984.

25.（唐）魏征. 隋书 [M]. 北京：中华书局，1973.

26.（唐）姚思廉. 梁书 [M]. 北京：中华书局，1971.

27.（元）脱脱. 宋史 [M]. 北京：中华书局，1977.

28. 陈来. 仁学本体论 [M]. 北京：生活·读书·新知三联书店，2014.

29. 程俊英，蒋见元. 诗经注析 [M]. 北京：中华书局，1991.

30. 邓嗣禹. 中国考试制度史 [M]. 台北：学生书局，1967.

31. 范文澜. 文心雕龙注 [M]. 北京：经济科学出版社，2018.

32. 方韬. 山海经 [M]. 北京：中华书局，2011.

33. 广东省社会科学院历史研究. 孙中山全集 [M]. 北京：中华书局，1986.

34. 奎润. 钦定科场条例 [M]. 台北：文海出版社，1989.

35. 商务印书馆编辑部. 辞源 [M]. 北京：商务印书馆，1915.

36. 辛更儒. 杨万里集笺校 [M]. 北京：中华书局，2007.

37. 赵尔. 清史稿 [M]. 北京：中华书局，1976.

38. 郑同. 堪舆 [M]. 北京：华龄出版社，2008.